U0162983

昆虫哲学

〔法〕让-马克·德鲁安 著

郑理 译

PHILOSOPHIE
DE L'INSECTE
Jean-Marc Drouin

上海文艺出版社
Shanghai Literature & Art Publishing House

目　录

导言

前途未卜的采蜜蜜蜂。胃口大到具有破坏力的蚂蚱。两翼五颜六色的蝴蝶。传播疾病的蚊子。灵巧节俭的蚂蚁。干扰人们野餐的胡蜂。圆圆胖胖孩子气的瓢虫。在咬开一半的水果里蠕动的幼虫。配对时画出心形的蜻蜓。爱情以悲剧收场的螳螂……昆虫们的形象多姿多彩,人们对它们或是着迷,或是反感,反应也是各有不同。我们因而对昆虫有了科学上的好奇,并构建起一套昆虫学的知识,但这并没有消除昆虫身上的多样性,只是为考量这种多样性提供了参考。

昆虫的世界具有双重的独特性。比起我们,昆虫的特别之处在于它的形态非常多样。丰特奈尔(Fontenelle)在 1709 年对昆虫有过这样的评价:这些"动物既和其他动物有很大的差别,相互之间也大有不同,它们让我们懂得,大自然在为无数其他地方创造动物时，依据的类型是无穷多样的"。这句话出自丰特奈尔为弗朗索瓦·普帕尔（François Poupart）医生所写的悼词。这位医生写过一篇"芙米卡-雷奥火山锥的历史"（Histoire du Formica-léo），发表在 1704 年出版的《科学院论文集》（Mémoires de l'Académie）上。丰特奈尔称他富有耐心地观察了昆虫，并且巧妙地发现了昆虫"隐秘的生活[1]"。

人们在谈论昆虫时，往往极尽惊叹溢美之词。比如达尔文（Darwin）在提到蜜蜂筑巢和蚂蚁"蓄奴"时，认为这是"所有已知的动物本能中最令人惊叹的[2]"。再比如 2001 年出版的《生物种系发生分类》（Classification phylogénétique du vivant），作者虽然不太乐于谈论自然界中的奇闻趣事，但仍然在该书导言的鸿文中"惊叹于"昆虫的多样性，他们以蚂蚁有 2 万种为例，指出"昆虫的物种数量完全超出想象[3]"。物种数目之多已经令人目眩，而个体数量则更是如此，这也说明了昆虫与人类共同生活是多么的困难[4]。

然而，不是人人都细心关注昆虫。布丰（Buffon）在 1753 年发表的《论动物的习性》（Discourssur la nature des animaux）里称"一只苍蝇在博物学家脑子里所占的位置，不应该大于它在自然界所占的位置[5]"。这句讥讽暗中针对的是雷奥米尔（Réaumur），而布丰说有人"总是观察地过多而思考地过少，所以看到什么都惊叹不已[6]"的时候，挪揄的也是雷奥米尔。其实布丰的攻击恶毒而有失公允。雷奥米尔在他的《昆虫史论文集》（Mémoirs pour servir à l'histoire des Insectes）中已经证明，我们能够同时观察并思考[7]。比如，他证明某项研究的科学性，不在于研究对象的大小，而在于研究方法是否恰当以及研究提出的问题是否敏锐。这一点在 19 世纪皮埃尔 - 安德烈 · 拉特雷耶（Pierre-Andér Latreille）的著作中同样得到了证实。后者不仅描述了数量庞大的物种，还尝试以植物学家提出的自然分科的方法对这些物种进行分类[8]。同一时期，拉马克（Lamarck）定义了什么是无脊椎动物，他将昆虫和蛛形纲动物都归入其中，同时从解剖学和生理学角度对他们进行了区分。

"昆虫"一词在日常语言中含义很广，包含了蜘蛛、蝎子等动物。这不仅仅是对"昆虫"一词的滥用，无疑也是一种分类上的错误，反映出对动物生物学的一知半解。实际上，古生物学和比较解剖学都证实了昆虫与蛛形纲动物的区别，这种区别不是人为设定的，而是得到了演化历史方面的证明。

不过，大量的专著、展览、文章在谈论这些遍布我们房屋和生活环境的渺小蛛形纲动物时，仍旧把它们与真正的昆虫相提并论。蜘蛛和蝎子在让-亨利·法布尔（Jean-Henri Fabre）的《昆虫记》（*Souvenirs entomologiques*）里也占有一席之地。法布尔和他的前辈雷奥米尔一样，尽管已经完全吸取了拉特雷耶或拉马克在区分动物方面所取得的成果，但他们更感兴趣的是观察动物的行为，而不是对它们进行分类。所以法布尔的书既是"昆虫"记，又不局限于昆虫，这并不是无心之失。

当代欧洲文化与昆虫的关系不能简单归纳为着迷与反感这一对态度。在我们最平常的情境下，也能看到大量包含昆虫的俗语和隐喻：像蚂蚁一样辛勤劳动，蜂腰，（如遇蟑螂或嗡嗡乱叫的熊蜂般）郁闷，像蝴蝶一样飞来飞去（比喻轻浮地追逐女人），（仿佛被苍蝇叮了一下）暴跳如雷……（像马车上的苍蝇）乱作一团，当年苏格拉底（Socrate）为了解释自己的方法，还常常自比为惹人讨厌又令人警醒的牛虻[9]。在英语里，20 世纪 60 年代最著名的摇滚乐队"披头士"（Beatles），其实指的是"甲壳虫"，尽管两个单词有一个字母之差……有些童谣和歌曲也提到昆虫，我们一下就能想到德斯诺斯（Desnos）的《蚂蚁》（La Fourmi）。

文学和电影中常能看到一些危险的昆虫。特别是蚂蚁，从赫伯特·乔治·威尔斯（Herbert George Wells）[①] 的《蚂蚁王国》（L'Empire des Fourmis）（1905），到迪诺·布扎蒂（Dino Buzzati）[②] 想象中那些吞食金属、威胁纽约摩天大楼的蚂蚁[10]，再到融合虚构与知识、大受读者欢迎的贝纳尔·韦尔贝[③]（Bernard Werber）的小说[11]，这些作品里的主角都是蚂蚁[12]。

除了在小说或虚构性电影中能看到骇人的昆虫，摄影及其他类型的电影里也有昆虫的特写镜头，它们通过展现一个"微观世界"或是"昆虫的面孔"[13]，更多地是为了博人眼球而不是制造恐慌，以此来制造惊奇的效果并达到科普目的。同样的想法也催生出一些博物馆项目，比如蒙特利尔的昆虫博物馆。

总的来说，不同文化中昆虫的地位各不相同。安德烈·西加诺斯（André Siganos）的《昆虫神话学》（Les Mythologies de l'Insecte）分析了昆虫在集体想象的诸般结构中所占据的位置[14]。不同文化对待昆虫的不同态度也体现在饮食习惯上：对某些民族而言，食用昆虫是很平常的事，但在另一些民族看来则是难以接受的，尽管后者自己食用虾、敖虾和其他海洋甲壳类动物[15]。

---

① 英国小说家、新闻记者、政治家、社会学家和历史学家。创作了《时间机器》《莫罗博士岛》《隐身人》《星际战争》等多部科幻小说。
② 意大利作家，被誉为"意大利的卡夫卡"。
③ 法国作家，著有"蚂蚁三部曲"，小说《大树》获龚古尔文学奖。

我们可能会认为，最可怕的是人类要抵御昆虫的入侵，但还有比昆虫入侵乡间和城市更糟的情形：那就是昆虫对人本身的侵袭。卡夫卡（Kafka）《变形记》（*La Métamorphose*）中的主人公变成了昆虫，完全失去了自我。在 1964 年出版、同年即翻拍为电影的日本小说《砂女》（*La Femme des sables*）中，恐慌不是来自昆虫的体型或攻击，而是源于主人公像落入陷阱的昆虫一样无法逃脱的处境。

近几十年，随着对生态问题的日益关注，人们担忧的不再是"身处一个昆虫入侵的世界会怎么样"的问题，而是"如果世界上的昆虫消失了，我们会怎样"的问题。要回答这个新的问题，需要有一套有关环境的伦理学说，同样也要动用生态的知识。

《昆虫哲学》不是"有关"各种昆虫的哲学：哲学前面的"昆虫"，和我们习惯上所说的"法"哲学、"艺术"哲学或"科学"哲学、"自然"哲学等有相同的意义。"昆虫哲学"的说法表明，我们相信哲学家不能抛开昆虫来思考生命体，同时哲学家在考虑昆虫时，也不能让昆虫学自己解释自己[16]，而应当从哲学上对它提出疑问。

所以这样的哲学面对的是诸如体型及比例这样的根本性问题；它发现昆虫的概念是在与许多相邻的群类逐渐区分后得到的；有关昆虫行为的动物生态学及其在文学上的转化表明，涉及昆虫的话语充斥着人类的身影，它们被当作幽灵驱赶或被看作障碍克服，但实际上从未被消除；因此昆虫哲学要检验形形色色的昆虫社会的概念；要对昆虫是否初具集体智慧提出疑问；通过考察昆虫在我们社会与经济生活中的地位，进一步思考如下问题：区分昆虫是敌是友、有益有害的方式一旦发生剧变，会产生怎样的方法、认知及实践上的后果；除了昆虫学，在其他许多领域也有针对昆虫的研究，得到了许多成果，昆虫哲学从中获益良多，并意识到认识论上的丰富性；最后，"昆虫的世界"促使昆虫哲学提出有关"动物世界"的、更广泛的问题，以及我们在伦理上的关切具有怎样的可能性和限度的问题。

第一章
微小的巨人

　　"怎样的大小才能赢得您的尊敬[17]？"米什莱（Michelet）[①] 用这句话质疑那些蔑视昆虫的人，他的话突出了昆虫给普通人的第一印象就是身型细小。尽管昆虫的真实大小可能和人们最初的感觉有所不同，昆虫体型微小确实是不争的事实。在某本辨别昆虫的指南里，作者写道，昆虫的长度从"不足 0.25 毫米到约 30 厘米不等，宽度则从 0.5 毫米到约 30 厘米不等[18]"。澳大利亚的一种竹节虫，其纤细的身体和丝状的足长度接近 30 厘米，还有一种飞蛾的两翼张开，宽度也能达到同样尺寸，但这些都是例外[19]。如果仅考察欧洲的昆虫，鬼脸天蛾的宽度最大，可以达到 12 厘

---

① 　儒勒·米什莱，19 世纪法国著名历史学家。

米，而鹿角锹甲的长度不超过 5 厘米[20]。因此，在思考昆虫问题时，不能回避的一点是：即便最大的昆虫，其体型仍不到人类的十分之一。而且这还只是极端和罕见的情况。

大小：平常概念中的复杂性

大小具有决定性的意义，却有一些令人惊讶的特点。一旦我们拿大小和位置、形状[21]这两个空间测定要素进行对比，就会发现这些特点尤为明显。如果不借助特殊的装置，改变某个固体的位置并不一定改变固体本身：不管我是垂直拿着铅笔，还是将它水平放在桌面上，它仍旧是那支铅笔。相反，改变某个物体的形状，就是改造这个物体，不管这里的形状指的是它的外部轮廓还是内部结构。和位置相比，大小和物体的关系更为紧密，但又不像形状和物体之间那么密切。因为一个物体缩小或变大，仍有可能被看作和原来相同的物体。在初等几何范畴中，相似三角形或其他同位相似形这样成比例的东西，都属于大小不同而形状等同的情况；民间故事和神话里经常可以见到想象的侏儒和巨人，他们其实也只是经过缩小和放大的人类。当代文学延续了这一传统。超现实主义诗人罗贝尔·德斯诺斯（Robert Desnos）的笔下，就有一只"长达 18 米的蚂蚁"。所有人都兴致勃勃地看着它拖着"一辆装满企鹅和鸭子的车"，嘴里说着拉丁语、法语和爪哇语。针对家庭创作的比利时连环画《蓝精灵》（*Les Schtroumpfs*）[22]，最早是为家庭受众创作，设想了一群蓝色的小精灵，住在状如巨大蘑菇的房子里。美国电影史上的多部科幻影片都把一群昆虫意外变大作为主要情节。比如，在戈登·道格拉斯（Gordon Douglas）执导的电影《怪物袭击城市》（*Des Monstres attaquent la ville*）① （1954）（原名 *Them*）中，政府依靠一名昆虫学家来对抗巨型蚂蚁，展现了原本熟悉的昆虫，仅仅因为体型的变化，就变得陌生而危险，并被指为另外一种东西的过程。

运用想象力并不一定意味着要讲故事。这一点可以在《思想录》（*Pensées*）中得到证明。在一个片段中，帕斯卡尔（Pascal）想让我们体会到我们悬置在两种无限之间。为此，他首先把地球描绘成宇宙中一个十分细小的点，继而又将我们的注意力集中到一个"蛆虫"身上。这个微小的动物今天被归入蜱螨目，因此属于蛛形纲而不是昆虫[23]。帕斯卡尔邀我们从蛆虫出发试想"一种宇宙的无限性"，这种无限性就存在于包括蛆虫在内的动物身上，"我们在此能重现发现和原来（苍穹、行星）所有过的一样的无限性"。帕斯卡尔惊叹于"我们的躯体，它在宇宙中本来是不可察觉的，它自身在全体的怀抱里本来是无从察觉的，而我们所不可能到达的那种虚无相形之下却竟然一下子成了一个巨灵、一个世界，或者，不如说成了一个全体[24]"。如果暂时忘记全体和虚无这两个极端，专注于逐步微缩的过程，我们会惊奇地发现，这里微小的动物竟包含了类似它们的生灵赖以生存的世界，这完全是虚构的想象。栖居在面粉和奶酪里的蛆虫，在字典里不过是肉眼可见的最小动物，在帕斯卡尔笔下却似乎拥有了可大可小的能力[25]。

随后一个世纪里，大小变化对形状没有影响的例子仍能见

① 中文译名《X 放射线》。

到。在《格列佛游记》(*Voyages de Gulliver*) 中，乔纳森·斯威夫特 (Jonathan Swift) 让主人公先后游历了数个国家，其中第一个就是小人国利立浦特，而第二个则是大人国布罗卜丁奈格。为利立浦特国王效命的那帮数学家经过丈量，发现格列佛的身高是他们的 12 倍。由此他们得出了一个十分合理的推断，格列佛的体积是他们的 1728 倍，因此需要为他提供相应的饮料和食物[26]。斯威夫特没有用同样精确的数字来描写大人国的居民，但是他告诉我们，主人公被放在桌子上时，距离地面 30 英尺。要知道我们的桌子平均高度是 2 英尺半，由此可以得出这些巨人的体型是我们的 12 倍[27]。格列佛和大人国居民的比例关系等同于小人国居民和他的比例关系，也就是说格列佛的身材是他们的几何平均数。

在《格列佛游记》问世后 26 年，伏尔泰 (Voltaire) 发表了带有讽刺意味的哲理小说《微型巨人》(*Micromégas*)[28]。其中出现了另一些巨人的形象。有位天狼星人，身高 4 法里①。而他在土星结实的同伴只有 6000 英尺高。他们的外形和举止与我们类似；唯一的区别就是他们的寿命和他们的身体一样长，这和他们居住的星球大小有关。所以，故事第一章就告诉我们，这位天狼星人大约 450 岁，但也只是刚刚步出童年，而他因为写了一本有关直径略小于 100 英尺的"昆虫"的书就被斥为异端。

大或小这一特征总是相对的，因此同样的人物可以先后缩小或变大。在"漫游仙境"的旅途中，爱丽丝 (Alice) 误饮了一小瓶药水，结果缩小到 10 英寸，也就是大约 25 厘米。她吃了一块蛋糕后恢复了原样，而另一些蛋糕又让她重新变小[29]。创作这个

---

① 法国旧时长度单位，1 法里约等于 4 公里。

故事的人是逻辑学家和数学家查尔斯·道奇森（Charles Dodgson），更广为人知的是他的笔名刘易斯·卡罗尔（Lewis Carroll）；是他赋予了这些叹为观止的改变更多戏谑的意味。

《跳蚤》（*La Puce*），理查德·厄里奇（Richard Erlich），引自冯·弗里希（von Frisch），1959。
跳蚤可以跳 100 米高的说法流传已久，但其实这和德斯诺斯笔下 18 米长的蚂蚁一样，并不是事实。

这些有关大小的思维游戏不仅可以充当思考虚无和无限的载体，或是批判社会的借口，它们也是普及昆虫知识时最受欢迎的修辞手法之一。

1798 年，皮埃尔-安德烈·拉特雷耶发表了《论法国蚂蚁的历史》（*Essai sur l'histoire des fourmis de la France*），在那里，他把一座蚁穴比作一座"金字塔，因为其构造的庞大和建筑者的渺小形成了鲜明的对比[30]"。三十几年后，在一本面向女性读者的启蒙图书《写给朱莉的、有关昆虫学的信》（*Lettres à Julie sur l'entomologie*）里，作者马夏尔·艾蒂安·米尔桑（Martial Etienne Mulsant）用自己的方式重述了一个世纪前林奈（Linné）

提出的想法：如果一头大象的体型和力量之比等同于一只鹿角锹甲的体型和力量之比，那么这头大象就足以挪动峭壁，夷平山峰[31]。1858 年，米什莱提出，全副武装、动作灵敏的步行虫和金龟子，"仅仅是因为体型小才不让我们感到恐惧"；他还补充说："设想一个人有同样的架势，他就能用两臂托起卢克索方尖碑[32]。"到了现代，贝尔特·荷尔多布勒（Bert Hölldobler）和爱德华·O. 威尔逊（Edward O. Wilson）写了一部科普性质但并不浅显的著作，书中描写了巴西发现的一处蚁穴，用他们的话说，建造这样一座蚁穴"按照人类的标准，等于修筑了一座万里长城[33]"。1973 年诺贝尔生理学或医学奖获得者、著名的蜜蜂行为研究者[34]卡尔·冯·弗里希写过一本昆虫学启蒙小书，这本出版于 1955 年的书题为《我们屋子里的十位小客人》（*Dix Petits hôtes de nos maisons*）。他在书里指出，一只跳蚤——具体来说是人蚤（*pulexirritans*）——可以跳 10 厘米高，30 多厘米远；为了让我们明白这些数字的意义，他接着说"按照一个成年人的身材，如果他想像跳蚤那样，就要跳 100 米高，300 多米远[35]"。为了叙述的方便，他仅仅分析了高度的情况，但其实同样的推理也适用于距离。说到底，这种推理是把两种关系对等起来。我们先把昆虫和人类体型联系起来，它们的关系大约是 1 比 1000。然后再从昆虫那里观察到的行为——比如跳 10 厘米高——计算得出相应的人类行为——想象中跳 100 米高。然而这个计算的结果其实仅仅是一种想象。

比例变化

这些比较既满足了想象，看起来又不无道理，但不管它们多么吸引人，提出这些比较的人都忽略了这些大小关系包含了比例的变化。简单而言，在不考虑空气阻力的前提下，一个动物如果变大一倍，其肌肉力量（这一力量取决于肌肉的截面，也就是面积）就会是原来的 4 倍，体重就会是原来的 8 倍（因为重量取决于体积）。同样道理，如果一只跳蚤的大小变为原来的 1000 倍，它的肌肉力量就会是原来的 100 万倍，而它的体重就会是原来的 10 亿倍。换句话说，如果跳蚤变大，它当然会更有力，但也一定会更重。总之，让跳蚤或蚂蚱变成和我们一样大并没有什么用，它们不会因此跳得更高。

我们可以用同样的方式来解释一只蚂蚁为什么看起来如有神力，能够搬动比自己还重的东西。和跳高一样，我们喜欢想象自己和昆虫一样有力时，应该能负担多少重量。初看上去，这个问题依旧很简单，我们能负担的重量与蚂蚁所能负担的之比，似乎就等于我们的大小和蚂蚁的大小之比。但这不过是个假象，因为没有考虑到大小改变所造成的物理后果。

昆虫学文献并不总是给人这种假象，一些作者即便在面对普通大众时，也会毫不犹豫地把问题论证清楚，哪怕有时这种论证并不容易。

埃米尔·布朗夏尔（Emile Boulanchard）就是这样一位严肃的昆虫学家，在他的众多著作中，有一本名为《昆虫的形态、习性与本能》（*Métamorphose, mœurs en instincts des Insectes*）的科普作品，再版于 1877 年。他在书中首先用通常的比较方法来凸显昆虫行为的与众不同；然后他依据费利克斯·普拉托（Félix Plateau）对肌肉力量的测定，得出以下原则："小的物种的力量总是相对强于较大物种的力量"；对此，他用一句话解释道："体重按立方增长，而肌肉截面测出的动力只按平方增长[36]。"

类似的创新科普方式在莫里斯·梅特林克（Maurice Maeterlinck）笔下也能看到。1930 年，他出版了《蚂蚁的生活》（*Vie des Fourmis*）一书。在这本书中，诗人提醒我们，"当我们看到蚂蚁搬动是自己身体 2 到 3 倍大的物体时，我们都会本能地犯同样的错误[37]"。在他看来，这个错误源于"我们没有考虑昆虫的重量"而只注意到它的身长，而后者更为直观。梅特林克对此做了进一步的分析。为此他参考了一篇 1922 年发表在《法国信使》（*Mercure de France*）上的文章，题为《雷米·德·古尔蒙、让·亨利·法布尔与蚂蚁》（Remy de Gourmont, J. -H. Fabre et les Fourmis）。文章作者是阿尔及尔学院的蚂蚁研究专家维克多·科尔内茨（Victor Cornetz），他在写作这篇文章时参考了 1913 年 7 月发表在《科学杂志》（*Revue scientifique*）上的另一篇文章[38]，作者是当时著名的生物学家伊夫·德拉热（Yves Delage）。梅特林克依据这两位科学权威的说法，为读者解释了蚂蚁的重量相当于它体长的立方，而它的肌肉力量则取决于体长的平方。德拉热认为，一只蚂蚁"可以搬动相当于自身重量 10 倍的麦粒，而一旦身体变成原来的 1000 倍，就只能搬动自身重量一百分之一的东西[39]"。所以现实中的蚂蚁力大无穷，依靠的是物理学家所说的比例效应。

尽管普通大众甚至一些学识渊博的人都显得对比例效应很陌

生，但可以肯定，比例效应是一项很早就为人所知的技术知识，因为它决定了建筑的牢固度。这一经验性知识的影响，可以在亚里士多德（Aristote）《政治学》（*Politique*）的一个段落中找到；他在其中断言，"不论是城邦还是其他什么东西，譬如动物、植物和工具，其大小都有定规[40]"。因此，一艘船如果过大或过小，就无法航行。同样，"一座城邦人口太少就不能自足[41]"，而如果太大就只能以民族的形式存在而不能成为拥有各类建制的城邦[42]。

约翰·波顿·桑德森·霍尔丹（John Burdon Sanderson Haldane）[1]虽然没有参考古希腊哲人亚里士多德，但他在 1928 年曾就同样的问题写过一篇论文，题为《论具备合适的大小》（*On Being the Right Size*）。这位英国遗传学家除了自己的科学论著，还写了大量科普文章，并且乐于突出这些文章的政治意味。比如刚刚提到的那篇文章，它的主导思想就是：每个动物都有其最佳大小，"人类诸制度"同样如此。霍尔丹在文中提到了"人们"想象出的那只巨大的、可以"跳到 1000 多英尺高"的跳蚤；对这个流传甚广的谬误，他用以下的原则予以回应："一个动物可以跳多高和它的大小并不成比例，甚至可以说没有关系。"他由此联想到古代城邦和民主的关系，并认为大国也可以用各种代议机制的方式施行民主。霍尔丹还提到社会主义的问题；虽然他对社会主义抱有好感，但他在此只是从国家大小的角度探讨了这个问题。他的结论是，在大英帝国或美国完全施行社会主义，和"让大象后空翻或犀牛跨栏[43]"一样难以想象。

---

[1]（1892—1964）英国科学家。

绝对值

亚里士多德认为每个实在都有明确的大小，有这样的想法在我们看来并不奇怪，因为这符合我们对古代宇宙观的认知。相反，一位当代生物学家认为有"合适的大小"（right size）却让人感到意外。于是就有了这样的问题：对比例效应的了解是否一定会带来某种绝对值的观念。要回答这个问题，似乎要考察比例效应的理论阐述，而这一表述是由伽利略（Galilée）1638年在《论两种新科学及其数学证明》（*Discours et démonstrations mathématiques concernant deux sciences nouvelles*）中提出的。

这部用意大利语写成的著作探讨了物质阻力和局部运动问题，形式上和 1632 年发表的《关于两大世界体系的对话》（*Dialogues sur les deux principaux systèmes du monde*）相同：也就是说让几个人物对话，其中一位名叫萨尔维亚蒂（Salviati），他是伽利略的代言人；另一位叫萨格雷多（Sagredo），是个想法天真的人；还有一位叫辛普利其奥（Simplicio），则是亚里士多德传统的捍卫者，是文中令人生厌的角色。他们三人第一天的交谈就涉及大小问题。技师们认为，在小型机械上得到验证的东西并不一定适用于更大的机械。从这一观点出发，萨尔维亚蒂注意到：一个物体变大的同时，坚固程度会降低。于是他将这一观察结果扩展到树木和动物：

谁都知道，一匹马如果从三四肘尺①高的地方跌落就会骨折，而如果换成是狗，或是让一只猫从 8 到 10 肘尺的高度摔下来则毫发无损，就像蟋蟀被从高楼上丢下或是蚂蚁从月亮上落下也不会有什么危险[44]。

显然，没有人关心这只从天而降的蚂蚁，萨尔维亚蒂继续他的推论：

> 比起更大的动物，小一点的动物相应的更加强壮结实，就像小一点的植物更经得起风雨一样，（……）所以自然界不可能产生比原来大 19 倍的马，也不可能有相当于普通人10 倍大的巨人：除非发生奇迹或是极大地改变身体各部分的比例，尤其是骨骼[45]。

第二天的谈话重新提起这个话题，伽利略对"圆柱体和正棱柱"的强度作了一番几何证明。辛普利其奥把这一推理用在生物身上，以体型巨大的鲸鱼作为反例。萨尔维亚蒂以水的密度作为回应，虽然他没有明说，但其实意思是：阿基米德（Archimède）定律使得鲸鱼的巨大体型成为可能[46]。萨尔维亚蒂总结道，动物不可能长得很高，"除非构成它的物质比起寻常的物质更加坚固结实，并且它们骨骼的形式也发生改变"，这样一来，它们"在体型和外貌上就会变得非常可怕"：这就等于说改变大小意味着改变形状。伽利略用一幅图来说明这些，在这幅图上，"一块骨

———————————
① 法国古时长度单位，从指尖到肘端，1 肘尺约为 50 厘米。

骼的长度仅仅变为原先的三倍，其厚度就要增大很多才能让它在大型动物身上发挥小动物身上最小的骨骼所发挥的功能[47]"。但实际上，伽利略的图示夸大了这种明显的增粗；350 年后，克努特·施密特-尼尔森（Knut Schmidt-Nielsen）写了一本有关动物生理学中的比例效应的书，其中就揭示了这个问题：图上的骨骼厚度是小骨骼的 9 倍，而实际上 5.2 倍就够了[48]。但这位美国生理学家认为，这样的计算错误丝毫没有破坏伽利略在这一领域所起到的决定性作用。

在此之前，达西·汤普森（D'Arcy Thompson）就强调了伽利略的这一作用。这位熟谙亚里士多德著作和三角函数的苏格兰大学教授、动物学家，写过一本题为《生长和形态》（*On Growth and Form*）的惊人之作。这部论著思路明晰，前后有过多个版本。该书首次发表于 1917 年，单卷 793 页。后经作者本人的审阅和增订（页数增加到 1116 页），于 1942 年再版。作者去世后，此书经约翰·泰勒·邦纳（John Tyler Bonner）删改和修订（约 350页），于 1961 年重新出版。新版加入了斯蒂芬·杰伊·古尔德（Stephen Jay Gould）的前言，并被收入袖珍本丛书，之后由多米尼克·泰西耶（Dominique Teyssié）译成法文。法文版中增加了阿兰·普罗希昂兹（Alain Prochiantz）所写的前言[49]。这一著作的不断再版，广泛传播了解剖学中一种形态向另一种形态逐渐过渡的经典图示[50]。

达西·汤普森在其著作的第一章探讨了比例效应。他回顾了伽利略的推理过程，并指出这一推理是完全合理的[51]。他还提起日内瓦物理学家乔治-路易·勒撒热（Georges-Louis Le Sage）对这一推理的评价，这些评价清楚明了，早在 1805 年就由皮埃尔·普雷沃（Pierre Prévost）发表[52]。在回顾过程中，达西·汤普森对生理学和形态学同样关注。他参考了让-弗朗索瓦·拉莫（Jean-François Rameaux）和弗雷德里克·萨吕（Frédéric Sarrus）的研究成果；这两人分别是医生和数学家，他们共同研究新陈代谢，并在 1838 年至 1839 年间发表了一份著名的报告。报告中指出，热量通过辐射散失且与面积存在比例关系，其变化等同于长度的平方；而有机体产生的热量则与体积有关，变化等同于长度的立方[53]。正是在这一观察结果基础上，生理学家卡尔·伯格曼（Carl Bergmann）于 1847 年得出结论，小型动物比大型动物消耗更多的能量，所以它们较难在极地地区存活。这便是我们今天所说的伯格曼法则。《生长和形态》一书的出版人约翰·泰勒·邦纳对此作了补充说明，他指出这一法则只适用于某一物种内部，而且即使加上这一限定，这一法则也引发了争论[54]。但是对达西·汤普森而言，重要的不是要验证这一生态生理学原理。正如斯蒂芬·杰伊·古尔德总结的那样，达西·汤普森在他著作的第一章要就是想让读者明白，长度、面积和体积之间的关系，使得不同体型的生物生活在不同的地区，不同的地区受到不同主导因素的影响[55]。因此，我们可以构想出一幅生物的空间分布图，很难想象在这个范围以外还有生命体存在。

类似的思考几十年前就已经出现在安东尼·奥古斯丁·库尔诺（Antoine Augustin Cournot）① 的著作中。他写了一本题为《唯物主义，活力论，理性主义》（*Matérialisme. Vitalisme. Rationalisme*）的著作，但这本书并非如标题所示的那样对比了唯物主义、活力

① 法国数学家、经济学家和哲学家，数理统计学的奠基人。

论、理性主义影响下的形而上学观点；相反，这部书更多是对研究物质、生命或理性的科学展开哲学分析。在涉及比例问题时，库尔诺提醒我们，从"纯粹几何学的"角度，"物体的尺寸（……）仅仅是相对而言"。只要一直停留在抽象的层面，我们就可以说"不存在绝对的大或小"。这就有了我们后来所说的"位似"，对此库尔诺的解释是："相同的图形可以按照无限多样的比例构建起来，在这种情况下，我们说这些图形是**相似的**。"当库尔诺口中的"哲学家和学问家"把"这些抽象的思考"搬到"物理现实中"时，就编造出许多"滑稽可笑的故事"或是"头头是道的长篇大论"。他提到了两种无限的话题，然后又提到"格列佛（Gulliver）先把一个利立浦特人装进口袋，自己又被一个巨人装进了口袋"，虽然没有指名道姓，但他的矛头显然对准了帕斯卡尔和斯威夫特。随后，他把这些虚构都放在一边，进一步指出：

> 不过宇宙论带给我们更多实际的事实。每种现象都自有其尺度范围，而我们常常碰到从一种范围突然跃入另一种范围的情况。我们看不到像行星或群山那么庞大的晶体，不管怎么增加显微镜的倍数，我们在一个晶体或一滴水中也找不到任何类似一个行星系的东西，也不可能在微型植物或微小动物中找到橡树或是大象的微缩复制品[56]。

几十年后描绘出的原子内部结构，似乎推翻了在水滴中找不到"一个行星系"的断言；在这一描述中，原子内的电子环绕原子核旋转，就像同样多的行星环绕一颗恒星旋转。但我们现在知道，这只是对原子理论的一种方便但并不适切的描绘[57]。

所以库尔诺和晚他几十年的达西·汤普森一样，都强调这样一个事实：不同的实在（réalité）都有其大小范围；在此范围之外，同样的实在就只能以虚构的方式存在于我们的想象之中。法国哲学家库尔诺完全有可能说出和英国博物学家汤普森一样的话："人与树，鸟和鱼，恒星与星系，各有其合适的大小，并且都具有一个绝对大小的范围[58]。"

伽利略的名字不仅出现在地球运动的历史上，也出现在与绝对大小相关的发现过程中，这让我们想到把两件事联系起来，并会产生这样一种感觉：17 世纪的科学革命导致了双重断裂，第一重断裂最为著名，它使地球不再居于中心地位；而第二重断裂却几乎被湮没，它为每种实在规定了一个绝对大小的范围。这样的指定和我们的直觉背道而驰，因为我们很小就努力接受这种看法，空间的大小是相对的，而这种努力现在被推翻了。技术人员和工程师因为经常和缩小的模型打交道，所以对每种实在各有其大小范围的观点已经了然于心，但是几何学家和哲学家有时却不能一下子就接受这一观点。亨利·庞加莱（Henri Poincaré）便是如此。他在 1908 年发表了《科学与方法》（*Science et Méthode*）这本著作，其中用很多页探讨了绝对空间的概念，所谓绝对空间是一种脱离空间实体的自在；他请读者想象以下情形：一夜之间，整个宇宙的维度同时变大为原先的 1000 倍。他指出在这种情况下，我们的身体，所有事物，包括刻度尺都发生了相同的变化，于是他认为可以从中推论出，人们感觉不到有任何变化。这样的结论其实并不严谨，我们可以反驳说，在这样的情形中，屠夫会看到自己店铺里挂着的香肠掉下来[59]。这些香肠的体积以及相应的重量将增大 10 亿倍，而挂香肠绳子的结实程度取决于它的横截面，只增大了 100 万倍。庞加莱是否真的对伽利略都知道的事实一无所知？应该不是。他很可能只是忽视了这一点，因为这一假设对他而言没有意义。他总结说："其实应该这样表述，如果空间是相对的，同时增加 1000 倍就不会发生什么变化，因此我们也就感觉不到什么变化[60]。"

这个问题很重要。它触及了空间的实在。随着量子力学的建立，这个问题比起庞加莱所处的时代更为复杂。1947 年，皮埃尔-马克西姆·舒尔（Pierre-Maxime Schuhl）在《心理学报》（Journal de psychologie）上发表了一篇文章，他指出，"当代物理学"破除了这样一种幻象，即认为物理定律适用于任何层面[61]。舒尔所思考的是微观物理学层面，而昆虫是无法在量子世界中生存的。时间的不可逆性，主、客观的区别，原因或物质的概念，它们适用于经典力学并且可以在日常生活中找到例子，也只有它们才是可以进行运算的。

现在我们能明白，昆虫的世界对于我们理解一个看起来微小但其实仍属于宏观范畴的现实有多么宝贵。通过参考昆虫的世界，我们可以虚构出许多情形，这些虚构除了具有诗性的感染力，还为同一个思想实验提供了各种形式，这个实验最终可以归纳为这样一个问题：如果我们比起现实缩小 100 到 1000 倍，我们的世界会是什么样子？

如果暂时把罗贝尔·德斯诺斯的奇思妙想放在一边，他笔下的那只蚂蚁最不可思议的并不是它会多种语言，而是它的大小：从几毫米变成 18 米，它的结构必然会发生剧变，以至于不再有蚂蚁的样子。艺术家路易丝·布尔乔亚（Louise Bourgeois）呈现给我们的巨型蜘蛛必须要有十分坚实的脚爪，构成它的材料也必然和典型的蜘蛛脚爪完全不同[62]。问题也不仅仅表现在结构和材质方面，还涉及生理学和解剖学方面。单单是维持体内温度也会受到体型大小的影响。虽然刘易斯·卡罗尔没有描述出来，但爱丽丝缩小到25厘米高的时候，应该会哆嗦起来，因为她的身体质量也相应缩减。呼吸也同样会受到影响，因为它涉及接触面积和身体体量的关系。如此看来，石炭纪的巨型蜻蜓对古生物学家而言仍是个谜题。因为他们巨大的身型——尽管只是相对的——仍旧显得与依靠气管构成的昆虫呼吸系统不相匹配。一旦地球物理学数据和理论模型能够证明当时大气的含氧量高于现在，这个问题就可以得到解决[63]。

为了让我们意识到什么是无限，以便更容易接受他的信仰，帕斯卡尔说蛆虫体内包含了整个宇宙，这种说法其实只是一种服务于布道的修辞。尽管斯威夫特在某种程度上注意到比例的问题，但格列佛遇见的侏儒和巨人不仅古怪，而且完全不符合物理定律。

我们以为昆虫生活在另一个世界，那里也许受到不同的规律支配，而实际上，昆虫世界和我们遵循着相同的规律，只不过是在更小的比例层次上发挥作用，并产生出不同的效果。统一的规律造成不同的现象，同时也解释了是什么带来了令人惊异的效果。

Fig. 122. Paysage de l'époque du lias.

《里阿斯统时代的景象》（*Paysage de l'époque du Lias*），爱德华·里乌（Édouard Riou），
引自路易·菲吉耶（Louis Figuier），1863。
会飞的爬行动物正在捕捉一只巨型蜻蜓。

第二章
过分喜爱甲壳虫

　　据说有一天，前文提到的英国生物学家霍尔丹和一群神学家聚在一起，这些神学家问他，通过研究世间万物，他对造物主得出了怎样的结论。传说霍尔丹的回答是这样的："他过分喜爱甲壳虫。"乔治·伊夫林·哈钦森（George Evelyn Hutchinson）在讲述这个故事时，既没有保证它的真实性，也没有给出故事人物交谈的具体场景[64]。但即使这则故事不足为信，它也充分表明，面对鞘翅目昆虫庞大的种群数目，霍尔丹既兴奋又无所适从。目前已知的鞘翅目昆虫就有 30 万到 45 万种，约占昆虫种类的40％。它们的特征很明显，角质化的前翅——即鞘翅——在飞行以外的时间里覆盖在膜质后翅上。此外，它们从幼虫到成虫都要经历全变态的过程，无怪乎鞘翅目昆虫长期以来被认为是同质化的种群。但是，这类昆虫的内部结构和其他种类昆虫的内部结构一样，并非天然如此，其概念构成也是一系列方法选择的结果。

分类原则

"甲壳虫"这一名称可以用在所有鞘翅目昆虫身上，就像英语中的 Beetles，但通常只用它来指金龟子科。按照前一种说法，我们可以把瓢虫说成是甲壳虫，因为瓢虫科属于鞘翅目；按照后一种说法，金龟子科和瓢虫科被认为是鞘翅目众多类别中不同的两种。这种情况很容易理解，只要我们承认：指称一个生物，其实就是在一个由相互嵌套的组合构成的概念框架中找到它的位置。昆虫也不例外，即使是缺少想象、不善言辞的门外汉，也不愿把瓢虫全部归为生物上的一科，换句话说，不情愿把瓢虫当作是生物分类中与禾本科、棕榈科、犬科或猫科平级的类别。至于昆虫学家，和所有博物学家一样，把这些先后得到的归类关系组合成一个从界（动物或植物）到门、纲、目、科、属、种，再到亚种或变种，最后到个体的完整等级结构。人们造出一些诸如 RECOFGERI 或 REOFGEVI 的口诀来帮助记忆这样的分类系统，但它似乎已经陈旧过时。人们对界的划分有了新的思考。门在法语中也有了新的表述（phylum）。亚种或种族的概念受到了批评，不仅仅是政治的因素，还因为它本身就缺乏科学的严谨性。此外，这些分类还产生了许多中间类别：亚纲、总目、亚科。在亚科和属之间有时还会有族。这个分类名称会引起混淆，因为它在生物上指的是从属于科的一种分类，而在人类学意义上，族是高于家庭的分类。此时，不管是欢欣还是失望，我们总想把目前分类的纷繁复杂和过去分类的整齐划一对立起来。但很难找到一个分类完美的黄金时代。首先，从 18 世纪中叶到 19 世纪中叶，科和目的概念通常用来指同一分类层级。其次，分类范畴的不断增加不是最近才有的现象，早在 1809 年，拉马克就抱怨过这个问题：

> 一些现代博物学家把纲分为许多**亚纲**，另一些甚至还把这一做法用于属的分类；结果不仅有了亚纲，还有了亚属；再过一段时间我们的分类里就会有亚纲、亚目、亚科、亚属和**亚种**。以林奈为代表的前人提出的分类层级和简单方法已被广泛应用，但对分类的滥用正在破坏这一切[65]。

事实上，《动物学哲学》（*Philosophie zoologique*）的作者在这段话里批评的，正是概念结构的灵活性。插入新的分类层级或许破坏了林奈分类法的简明性，但这样做无疑确保了原有分类形成的整体结构的持久性。这种不可逆转的分类层级不同于把元素按照先后次序，从头到尾进行排列归类；它依据的是包含关系，或者说嵌套关系。

矛盾的鳄鱼

对于昆虫，认定它们是否属于相同的种群有明确的标准。所以亚里士多德把昆虫分为两翼——比如苍蝇，四翼——比如蜜蜂，和一些翅膀上有鞘保护的——比如甲壳虫。还有蝴蝶，它在

古希腊语中名为 *psyché*，这个词兼有"灵魂"之意；亚里士多德提到它时专门说"脱胎于毛虫[66]"。今天的昆虫学家也依照类似的标准区分出了双翅目、膜翅目、鞘翅目、鳞翅目等类别。这些群体数量庞大，因为它们还包含了同样数量庞大的子群体。然而一旦触及界限问题，也就是说一旦我们试图界定昆虫概念的外延，事情就不再是我们通常认为的那样。法文中表示"昆虫"的 insecte，源于拉丁语 *insectum*，对应了古希腊语 *entomon*，也就是法语词 entomologie（昆虫学家）的词根。Insecte 这个词最初表示的是切口，指在身体外形上的狭窄处。所以这个词在词源上来自这些动物身体分段的特点。不过虽然现在意义上的昆虫都有这一特点，但是它同样也能在蜘蛛、蝎子或千足虫，甚至某些蠕虫身上见到。这也就能解释为什么在日常使用时，普通大众仍用昆虫这个词来指 19 世纪末以来就被博物学家称作陆生节肢动物的东西。第一眼看去，民间的昆虫概念和亚里士多德的很接近。不过，亚里士多德认为昆虫属于更大一类、在他看来没有血液的动物；此外，构成这类动物躯体的肢节在截断后仍能存活[67]。

词源上把昆虫定义为肢体有切口的动物，这样的定义看上去很宽泛。但在雷奥米尔眼里，这个定义仍显狭隘；他 1734 年出版《昆虫史论文集》第一卷里，就强调自己不会局限于研究"身体有切口的"和"体型细小的"动物。为了说明这一点，他果断地写道："一头鳄鱼也可以算作一种奇怪的昆虫；把它称作昆虫并不会使我犯难[68]。"不过，集子中随后的文章里，雷奥米尔没有讨论鳄鱼和其他爬行动物。但是，他对拓展研究对象外延的可能性的思考仍有重要意义。他在解释这一点时承认，自己"主动"

把"所有按照形态不能归为常见四足动物、鸟和鱼的动物[69]"都算作昆虫一类。雷奥米尔并不排斥通过排除一个或多个子类来合成一个新的大类，这显然和今天的分类要求不同。此外，雷奥米尔毫不掩饰自己对分类问题缺乏兴趣："我已经多次表明，昆虫史中最吸引我的，是有关昆虫特性和灵巧的部分[70]。"在一篇尘封已久的论文中，他写道：

> 不同种类的蚂蚁在形态上差别不大。因此，当我们充分了解了一只蚂蚁的外形，我们也就对其他种类蚂蚁的外形有了较好的了解。往往是它们的生活方式和不同习性更方便区分它们，这样的区分总是更有意思[71]。

显然，在雷奥米尔眼里，根据形态特征对各种昆虫命名和分类既不吸引人也没有必要，他更愿意研究昆虫的行为。在这一点上，比他年轻的竞争者布丰有着相同的看法，他在 1749 年探讨四足动物如何根据四肢解剖结构进行分类时写道：

> 与其根据某种假设把研究对象强行归为一类，按照它们通常出现的次序和位置，将它们整理到一部自然史专论，甚至是一张表格或随便什么地方岂不是更好？对我们而言，斑马是陌生的动物，它和马的共同点或许仅仅在于它们都是奇蹄动物，所以与其将它们放在一起，是不是还不如将马和狗放在一起？尽管狗是裂脚动物，但它总是跟着马出现[72]。

反过来，对分类的共同轻视——几乎称得上是厌恶，因为它带有主观色彩——让两位法国博物学家站在了他们的瑞典同行林奈的对立面。后者把对矿物、植物和动物进行描述、命名和分类视为自然史的主要目标之一。不过，有必要在林奈的著作中分出两个方面，这两方面相互补充，但各自的命运并不相同：一个是命名法，一个是分类法[73]。

提出所谓的林奈命名法，其实是无奈之举。因为林奈一直以来都坚持名字—句子方法，即为某个物种命名的同时对它进行描述。但是这些冗长的名字不便使用，用属名（可以是很多物种共用一个）和种加词构成的双名来指称每个物种更加简便。所以在植物学里，白三叶草被称为 *Trifoliumrepens*，而紫三叶草被称为 *Trifoliumpratense*。同样，对于动物学家而言，白脸山雀被称为 *Parus major*，而沼泽山雀被称为 *Paruspalustris*。由此可见，植物学家在指称植物时，用的是林奈在《植物种志》（*Species plantarum*）（1753）中规定好的名称，或是此后其他植物学家根据林奈命名法给植物取的名字。动物学家的做法也一样，只不过他们依据的是《自然系统》（*Systemanaturae*）（1758）第十版。这种命名法对于昆虫学家而言尤为有用，因为他们研究的物种数量实在是太庞大了。

就分类法而言，植物被看成一个由 24 个纲组成的系统，其划分依据是性器官的数量和特征。而林奈提出的动物分类包含 6 大分支：四足动物、鸟、两栖动物（包括爬行动物）、鱼、昆虫和蠕虫。蠕虫这个词与我们通常理解的意义有很大差别，因为它不仅指平时所说的蠕虫，还指贝壳类动物或海星。《自然系统》的每一版，林奈都会有所修改。在第四版，他把鲸鱼和海豚归为两栖动物；到了第十版，他把它们归入哺乳动物纲中的胎生四足动物。无怪乎他把所有现在看来可以视为节肢动物的都称为"昆虫"。在林奈分类中，昆虫包含 7 个目，今天的昆虫学者，即便对昆虫的研究仅仅是业余爱好，刚刚入门，也对这 7 目了如指掌。它们包括上文已经提到的鞘翅目、半翅目（比如臭虫）、鳞翅目——也就是人们熟悉的蝴蝶。此外还有双翅目（苍蝇和蚊子）、膜翅目（黄蜂、蚂蚁、蜜蜂……）——它们的区别在于一对翅膀还是两对翅膀，以及脉翅目——比如蚁蛉和蜻蜓；前者现在仍属于脉翅目，而后者现在属于蜻蜓目。最后是无翅目，除了跳蚤、虱子，林奈还将蜘蛛、壁虱，甚至所有今天我们称为甲壳动物的物种都划归此类[74]。

在某种程度上，从 18 世纪起，昆虫概念的历史就是一系列排除的历史，在此过程中，概念的外延逐渐收缩，一直到今天它仅仅是指具有外骨骼，包括头、胸、腹三部分，拥有三对足和两对翅膀（翅膀可能萎缩或消失），一对触角的动物[75]。这样一来，许多动物——特别是蜘蛛、千足虫和鼠妇等——就被排除在外了。

边界问题

大革命席卷巴黎之时，有关昆虫分类的问题也被激烈地争论着。最近，研究这一时期历史的专家编辑出版了巴黎自然史学会的会议记录[76]，这些记录让我们仿佛仍能听到当时辩论的回响。比如，法兰西共和三年花月 21 日（1759 年 5 月 10 日），拉特雷耶宣读了"一篇论文，宣称根据口腔特征重新区分昆虫是有益且方便的[77]"。这种分类方法早前由丹麦昆虫学家约翰·克里斯蒂安·法布里丘斯（Johann Christian Fabricius）提出。拉特雷耶同意他的说法，认为口腔组件的相似性通常意味着身体其他部位存在相似性，不过拉特雷耶在这一点上与前人稍有不同，他没有把这种相关性作为昆虫分类的唯一标准，而是赞成从自然种属方面对昆虫进行区分。所以就有了"关于鼠妇"和广义上甲壳类动物"分类方法"的讨论[78]。

这一讨论提醒我们，确定什么是昆虫和划定国界一样，并不那么容易。

从 1793 年起，拉马克就在自然博物馆讲授"蠕虫与昆虫"动物学。他是第一位用"蠕虫和昆虫"来指称"没有脊椎"或"无脊椎"动物的人。1800 年，也就是共和八年，拉马克在这门动物学课的开课演说中有这样一段话：

> 甲壳动物纲是无脊椎动物中的第二个种类，直到今天，我们常常将属于这一纲的动物与昆虫混为一谈，因为它们都有足和分节的触角；我认为甲壳动物应该像软体动物那样，不能再和那些真正称得上是昆虫的动物混在一起[79]。

最终，由螃蟹、螯虾、龙虾、虾、淡水龙虾以及水虱、鼠妇构成的多样整体统统被归为一类。但是蔓足动物（藤壶和茗荷儿）是例外；它们直到 19 世纪才被归入甲壳动物纲。然而最引人注目的是拉马克对昆虫和蛛形纲所作的区分。后者和今天一样，包括了蜘蛛[80]、盲蛛、蜱螨和蝎子；不过，拉马克划分的蛛形纲和今天的蛛形纲并不完全相同，还包含了千足动物。在判断一个动物是否属于昆虫时，他依据的是一些解剖学特征（比如是否有三对足）和生理特征（比如生长发育过程中是否经历完全或部分变态）。

所有这些界定的变动都让人感觉没有什么固定的标准，包括拉马克自己都把纲、目、科、属和种视为"我们发明的工具"，虽然不可缺少，"但是使用的时候应当谨慎"，并且"服从公认的原则"[81]。另外，拉马克还承认，动物学在区分动物时应当借助比较解剖学。在这点上，他与居维叶不谋而合，凸显了这一问题的重要性，同时也肯定了这样一种观点，即自然史博物馆的博物学家们尽管有诸多分歧，但他们在 19 世纪最初 30 年形成了一种真正意义上的、拥有自身"研究纲领"的"学术共同体"[82]。美国历史学家查尔斯·吉利斯皮（Charles C. Gillispie）就是这一观点的支持者，他故意使用这些不属于那个时代的表述，却很好地传达了 19 世纪初巴黎科学界的活力以及当时所研究问题的理论重要性[83]。

自然方法

如何构建一种自然的分类方式是上述问题的核心。1810 年，皮埃尔-安德烈·拉特雷耶在他的著作《对甲壳纲、蛛形纲和昆虫之自然属性的思考》（*Considérations générales sur l'ordre naturel concernant les classes des Crustacés，des Arachnides et des Insectes*）中讨论了这个问题。有意思的是，作者将这本书献给居维叶，但这么做并不妨碍作者表露出他和拉马克之间的友谊[84]。和拉马克一样，拉特雷耶将蛛形纲单独列出，并将"千足动物"

纳入其中。和拉马克一样，他也批评了同时代人增加分类层级的倾向——比如从纲中分出"亚纲"，从属中分出"亚属"。在论及构建一种自然分类法时，拉特雷耶有这样的概括："事物的区别性特征取自它们的各个部分[85]。"这一原则和他在1795年自然史学会演说时所讲的一致；他在综述法布里丘斯的工作时着重指出，有时法布里丘斯仅仅在考察完口腔器官以后，就把一些口腔形态相似、此外毫无关联的物种"归为同一目和属[86]"。在昆虫学分类的问题上，负责向拿破仑一世（Napoléon Ier）报告自然科学进展的居维叶也有同样的信念。他在回顾扬·斯瓦默丹（Jan Swammerdam）基于变态特征的分类法、林奈基于"翅膀数量和组织结构"的分类法、法布里丘斯基于"咀嚼器官"的分类法的基础上总结道："事实上必须结合这三类特征才能得出某种自然的分类[87]。"但是，即便接近于自然的性质，任何一种分类方法仍是一种知识上的构建。所以分类学者的梦想是要达成一种尽可能自然的分类方法，所谓尽可能，就是指这种分类方法的自然性质胜过人为构建的属性。至少，这种自然性质应该获得学者的普遍认可。举一个非常简单的例子，蒲公英的花是黄色而菊苣的花是蓝色，但是这两种植物身上所谓的"花"实际上是由许多小花组成的花序。相反，毛茛的黄色花就是单纯的花。我们很容易理解在植物分类时，植物学家更倾向于把蒲公英和菊苣归为一类，而不是和毛茛放在一起；也就是说，他**自然而然**地更看重结构而非颜色。因此，针对所有分类者都承认的5、6"科"植物（比如禾本科、菊科、伞形科或豆科），比较其各方面特征的比重，就能够按照相同的方式，形成十几个新的、用于植物分类的"科"型。这便是安托万-洛朗·德·朱西厄（Antoine-Laurent de

Jussieu）在《动物属志》（*Genera plantarum*）（1789）中采取的做法；而居维叶对这种自然方法的应用赞赏有加。他同时认为，比起植物，动物之间的相似性"更加明显，背后的原因也更容易发现"，所以在他看来，动物学应该和植物学一样，尽快应用自然分类法[88]。在这一点上，动物学特别是昆虫学的发展可以说印证了居维叶的看法，但随之而来的却是博物学学科的剧烈变动，就连居维叶所坚信的物种的固定性也受到质疑。说这场剧变是一场革命也毫不为过，这便是达尔文革命，它深刻地改变了人们对生物分类问题的看法[89]。

《斑点大蜻蜓（*Æshna maculatissima*）的变态过程》 （*Métamorphose de l'Æschne tachetée*），埃米尔·布朗夏尔，《昆虫的变态、习性与本能》，1877。
存在完全变态或不完全变态是对昆虫进行分类时参考的特征之一。

达尔文与发生变异的后代

《物种起源》（*L'Origine des espèces*）第十三章的内容非常关键。达尔文发现，生物分类既不是任意的——就像恒星组成不同的星座那样——也不是只有一种单纯的含义，就像把所有拥有同一生活方式（比如水生或陆生）的动物分为一类那样[90]。针对分类的意义问题，某些博物学家回答说，这是一种把相似的生物归为一类，并与相异的生物区别开的范式，或是一种简化描述的方法：比如，要描述一只狗，只要在一句描述所有哺乳动物共同点的句子上，先加上一个描述食肉动物共同点的句子，再加上一个能区别出狗的句子。对于这样的回答，达尔文并不满意，他注意到：

> 这种体系的创造性和用处是无可争议的。但是许多博物学家认为附加的东西是由自然系统标识出来的；他们相信这揭示了造物主的意图：但是我认为，除非我们能明确"造物主的意图"究竟是什么，不管是在时间或是在空间层面，还是别的什么方面，否则就无法增益我们的知识[91]。

换句话说，逻辑分析是不够的，神学层面的回答也没有多大用处，要寻找分类的意义，不是要考察博物学家对这一问题的看法，而是要看他们在进行分类时运用于自身的规则。

所以林奈信奉的那句格言——并非特征造就类别而是类别赋予特征——表明，分类中除了有相似性，还包含了其他东西[92]。对于这多出的东西，这种背后的联系，达尔文提出那是一种谱系上的相邻关系[93]。

其实博物学家在把两种性别的个体，或把某些幼虫和成虫归为一类时，早就在运用这一原则了，而这些不同性别或成长阶段的个体外形可能大不一样[94]。达尔文通过回顾这些分类的主要法则，甚至得出这样的结论：博物学家在分类工作中遵循诸多原则，他们在无意识中希望在这些原则中找到的联系，其实就是共同的祖先起源[95]。博物学家在分类中极为重视退化器官，尽管这只是某种没有什么生理用途的遗存，对于这一事实，达尔文的解释是："退化器官可以看作一个单词的字母，尽管在书写上保留了下来，但在发音时已经没有作用，它为那些探寻单词派生变化的人提供了线索[96]。"

达尔文的说法在昆虫学中可以找到富有意味的例证。在频繁刮风的小岛上，自然选择的作用会使鞘翅目昆虫的翅膀逐渐变为退化器官。因为在这种环境中，鞘翅目昆虫很容易被风带入海中，所以不会飞对它们而言更为有利。在这方面，达尔文参考了沃拉斯顿（Wollaston）在马德拉岛所做的工作[97]。

因此，达尔文认为，生物分类表现出一种谱系关系，这是它和对任意物品进行简单人为分类的不同之处。当时的博物学家并没有意识到这一原则，但博物学家的分类方法无意间都建立在这一原则之上。

一次方法上的革命

达尔文带来的变革波及的首先是系统分类学的阐释方法，但对于日常的分类实践几乎没有影响。与此相反，种系发生分类学

的出现，带来了一次真正的方法上的断裂。这种分类学又被称为
"进化枝学"（cladisme）或"支序分类学"（cladistique），20 世纪
后半叶由德国昆虫学家维利·亨尼希（Willi Hennig）首创，随后
应用于整个动物和植物有机体[98]。

要理解什么是种系发生分类学，首先得避免一种常见的概念
混淆。在 20 世纪后半叶，分类学家的实践因为两项创新而发生
了深刻的改变，一项是支序分类学，另一项是将分子特征纳入分
类的依据。这两项创新常常被联系起来，但其实它们在概念上非
常不同：之所以在分类中考虑分子特征，是因为系统分类学家对
支序分类学存有疑虑；反过来，支序分类的推理可以应用于无法
进行分子分析的物质，如化石。克洛德·列维-斯特劳斯（Claude
Lévi-Strauss）在阅读纪尧姆·勒库安特（Guillaume Lecointre）
和埃尔韦·勒·盖亚德（Hervé Le Guyader）的《生物种系发生
分类》（*Classification phylogénétique du vivant*）时所写的札记
中，特别提到这一点：

> 亨尼希的工作开创了支序分类学，但此后支序分类学在
> 生命科学中的位置变得复杂起来，因为形态学和分子生物学
> 的合作（或者有时是竞争）已经势在必行。分子生物学的重
> 要性与日俱增，因为这一科学基于生物更深层的东西，所以
> 人们设想最终从这里揭开种系发生的真正奥秘。但是，分子
> 生物学同样没有给出简单的答案。和形态学一样，它迫使我
> 们在一些可能的支序间进行选择[99]。

我们注意到，进化枝学和支序分类学两个词——基本上是同

义词——来自古希腊语单词 *klados*，意思是"分支"，它和族谱树的隐喻一脉相承。尽管支序分类学学者并非唯一使用树状图的人，但他们的使用方法和构建树状图时确定的规则却和其他人大不一样。我们在这里不打算详细介绍他们的用法和规则，只想通过维利·亨尼希的一篇文章来把握其中的指导性原则。这篇文章题为《种系发生系统分类法》(*Phylogenetic Systematics*)，原文是英文，1965 年发表在一份昆虫学杂志上，1987 年译为法文再次发表[100]。

这篇文章的核心要点是"把相似性概念分为若干范畴[101]"。要建立这样的区分，首先要引入趋同这一概念。趋同指两个有机体为了适应相似的环境而产生的相似性，但不能依据这种相似性将物种划为有亲缘关系的单位。比如，因为外形相似而把鲸鱼和鱼加以比较，并不能从中得出某个种系发生类别，或者说由若干祖先演变而来的类别。亨尼希没有用这个例子，因为没有博物学家会浪费时间来讨论某个能将鲸鱼和鱼归在一处的类别，但这个例子有助于揭示相似性的限度问题。不过，亨尼希说，"即使排除了趋同的因素"，相似性也并不导致完全是单种(monophylétiques)的群体——也就是说来自同一祖先的后代组成的群体——而这一点恰好是种系发生观念所要求的[102]。亨尼希为此引入了祖征(plésiomorphie)的概念，并解释说：

> 这是因为有些特征即使经历多次物种变化仍保持不变。所以，共同拥有某些未发生改变的原始特征（"祖征"）并不能证明这些拥有者具有较近的情缘关系[103]。

亨尼希把保持原始状态的特征称为"祖征",而把偏离原始状态的特征称为"离态特征"(apomorphe)。只有当相似性基于共同的离态特征时,才能表明某种密切的亲缘关系。反过来,如果因为物种之间具有相似的"祖征"而"将它们联系在一起",得到的就是一个"并系群"(groupe «paraphylétique»),意思是这个群体包含有一种祖代物种和其部分后代物种[104]。

亨尼希将这些概念用于昆虫纲,从中区分出两个亚纲:无翅亚纲和有翅亚纲。前者——直到不久以前——涵盖了所有没有翅膀的昆虫,这些昆虫的祖先也是没有翅膀的。后者则包括蝴蝶、金龟子、瓢虫、蜚蠊、蚱蜢、蜻蜓、蜜蜂、黄蜂、苍蝇、蚊子、臭虫等所有有翅膀的昆虫,其中有些昆虫只在交配季节才有翅膀("婚飞")——比如蚂蚁——而像跳蚤和虱子这样祖先可能有翅膀的昆虫也被囊括在内。

关键的一点在于无翅亚纲是一个并系群:

> 所有无翅亚纲昆虫仅有的共同的祖先(……)也是有翅亚纲昆虫的祖先;无翅亚纲的历史开端并非这一群体独立的历史开端,而是所有昆虫的历史开端,所有昆虫最初在形态—类型学意义上都属于无翅亚纲[105]。

学科的发展肯定了亨尼希的分析。最近发表在《国家自然历史博物馆之友通讯》(*Bulletin des amis du muséum national d'histoire naturelle*)上的一篇论文证明了这一点。在这篇关于弹尾目昆虫的文章中,作者让-马克·蒂博(Jean-Marc Thibaud)证实,过去的无翅亚纲分类依据的无翅特征是早期昆虫共有的。

按照他的说法，现的分类方法则是把所有的六足物种（"六足虫"）根据口器的位置重新划分。**严格意义上的昆虫，它的口器位于头的外部。**它包括了过去所说的有翅亚纲，其中还加入了缨尾目（Thysanoures）[106]。

总之，昆虫概念的外延不断发生着改变。在雷奥米尔（1734）那里，鳄鱼甚至也算作昆虫，而在林奈那里，昆虫则几乎和节肢动物混为一谈；后来，拉马克将蛛形纲从昆虫概念中排除，拉特雷耶又将这一概念细分为若干自然科。直到今天，这种变化仍在继续。

昆虫还不存在的时候，它们在哪儿？

在很长时间里，逻辑学家都遵循这样一条规则：概念的外延和内涵——更清楚地说，概念适用的实在和定义概念的特征——在反向变化。意思是，定义越长，它所涉及的事物越少。这条规则在古典系统分类法中也能找到。

我们还记得昆虫纲曾经有很长一段时间被分成两个亚纲，无翅亚纲（没有翅膀的昆虫）和有翅亚纲（有翅膀的昆虫）。我们会发现，有翅亚纲的定义比昆虫的定义多出一个特征——因为有翅亚纲的定义包括了拥有翅膀——它适用的对象也比较少。但是这意味着有和没有翅膀都是一种特征。

现在从进化枝学的视角来看，如何再现这种内涵与外延之间的反向对应关系呢？如果把有翅膀看作逻辑上的肯定特征，没有翅膀看作否定特征，由于进化枝学不考虑否定特征，所以就很难把有、无翅膀看作一个定义项。但是，遵循进化枝学原则的分类学家对否定特征的抛弃，意味着肯定某个否定性特征和否定某个肯定性特征终究不是一回事。

这成了阅读古代昆虫文献时遇到的另一个难题。为了避开这个问题，人们就得在言辞上颇费周折地说明，**那些曾被指为昆虫的动物今天只被视为陆生节肢动物**。那么该如何谈论一部1800年以前探讨蜘蛛的著作呢？是否需要提醒读者，蜘蛛在当时被看作昆虫，而现在我们对昆虫有了更好的理解，过去的说法是个错误，应该得到修正？还是说应该承认昆虫在不同时代有不同的指代对象？按照前一种做法，我们难道不是把当下的知识作为绝对的标准？如果采用第二种做法，那岂不是滑向一种相对主义，认为所有分类都有道理，都是任意造成的结果？是不是应该采取一种有条件的指称方法，像这样："如果我们把昆虫做如是定义，那么这个有机体就是或不是昆虫"？这样一来，就为某些定义可能优于其他定义的情况留有了余地。

之所以会有这些困难，是因为昆虫是人们透过文化滤镜看到的自然存在。作为自然的存在物，某些昆虫具有不受我们控制的行为，这些行为会引起人们的不适或疾病，还有些昆虫拥有令人意想不到的美感，带有侵略性的快速繁殖力以及过分的亲密性，这些我们都不会忘记。但它们又都是透过文化的滤镜显现的，一方面，昆虫学产生了各种界定、辨认、描述、命名、归类、区分昆虫的方式；另一方面，文学和造型艺术也从昆虫身上引申出许许多多的形象。

科学的历史在此与艺术的历史交汇。阿尔布雷特·丢勒（Albrecht Dürer）画的鹿角锹甲因其高度的写实性而闻名于

《鹿角锹甲》（*Le Cerf-volant*），阿尔布雷特·丢勒，1505。

世[107]。不过，我们较少看到 17 世纪以前表现昆虫的艺术作品。所以，昆虫学家科莱特·比施（Colette Bitsch）最近的一项研究才会特别关注一部 14 世纪意大利手稿上的装饰画[108]。这些装饰画是一位佚名艺术家应意大利富商科查雷利家族（les Cocharelli）的要求而作。透过这些极其精准的绘画，我们可以想见艺术家一定花了很多工夫进行观察，也正因为如此，我们可以透过画面辨认出艺术家描绘的是什么物种。画面的准确性不仅具有审美价值，也能让今天的昆虫学家了解过去的昆虫学家拥有的知识情况。

第三章
昆虫学家的目光

在一所府邸的院子里，一只熊蜂正在靠近一株盆栽的兰花；与此同时，一位衰老的男爵和一位年轻的男店主正眉来眼去，互相逗引。叙述者原本想要观察那只昆虫和那朵花，此刻却躲在一扇百叶窗后面，偷偷地观察起院子里的那两个人。这是《索多玛和蛾摩拉》(*Sodome et Gomorrhe*)[109] 开篇描绘的场景。紧接着，普鲁斯特 (Proust) 又引述了达尔文对花卉繁殖的研究，他用某种复叶花的舌状小花吸引授粉昆虫来比喻男爵的态度[110]。在同一部分里，叙述者还惊讶地发现，自己不再像之前在巴尔贝克看见水母时那般厌恶这种动物，因为阅读米什莱对水母的描述令他对水母产生了兴趣[111]。《追寻逝去的时光》(*La Recherche du temps perdu*) 中出现的这些自然史内容，尽管并不起眼，却并没有逃过某些评论者的注意。1924 年，亨利·马西斯（Henri Massis）——以传统价值观之名——攻讦安德烈·纪德（André Gide）的**非道德主义**之时，就是把纪德与普鲁斯特对照起来，说后者"分析最恶劣的畸形行为，就像昆虫学家研究昆虫的习性那样客观[112]"。同样的类比在"昆虫学家的目光"（un regard d'entomologiste）这一习语中也能找到，人们对这句话习以为常，也就认为背后的类比是理所应当的。比如哲学家亨利·古耶（Henri Gouhier），他在讲述卢梭的出版商保罗·穆尔图（Paul Moultou）在伏尔泰面前为卢梭辩护的故事时，不忘加上一句："可以想见伟人当时对这位年轻的反驳者投以昆虫学家的目光[113]。"在这里，昆虫学家的比喻仅仅含有冷峻惊讶的意思，但很多时候它还有观察上的敏锐和精准的含义[114]。难怪 2009 年 9 月 25 日的《自由比利时报》（La Libre Belgique）在提到巴尔扎克（Balzac）时，说他在《猫打球商店》（La Maison du Chat-qui-pelote）这部作品里，用"一种昆虫学家的目光来考察世人"。电影艺术家克洛德·夏布洛尔（Claude Chabrol）因为善于描绘社会风俗而闻名于世，某家电视频道用一部晚间节目向他致敬，节目名字就叫《克洛德·夏布洛尔——昆虫学家》（Claude Chabrol l'entomologiste），由此可见类似的表达已经是家喻户晓。甚至有时人们还会为"昆虫学家"加上修饰成分，来明确这种目光的性质，比如："冷峻的"或"充满同情的昆虫学家"……

作家与昆虫学家

为什么把这两者放在一起呢？配得上昆虫学家之名的作家虽

然不多，但还是存在。19 世纪初的作家夏尔·诺迪埃（Charles Nodier）是法兰西昆虫学会的成员，他的奇幻故事［特别是《碎屑仙子》（*La Fée aux miettes*）[115]］至今为人津津乐道。到了 20 世纪，《洛丽塔》（*Lolita*）（1955）的作者、著名的俄裔美籍作家弗拉基米尔·纳博科夫（Vladimir Nabokov）有一本名为《爱达或爱欲：一部家族纪事》（*Ada*）（1969）的作品。他在其中描绘了一对表兄妹间的激情爱恋，并使用了大量和昆虫学有关的譬喻。其实这并不奇怪，因为作者本人也是一位学养深厚的昆虫学家，曾经于 1942 到 1948 年间在哈佛大学比较动物学博物馆负责蝴蝶的收集工作。不过，不要妄想在他昆虫学家的工作中找到一点小说家的放浪不羁。斯蒂芬·杰·古尔德已经令人信服地证明，纳博科夫尽管有能力对相邻的物种进行区分和归类，但并未提出什么新颖的阐释。在他的科学实践和文学作品之间，唯一的共同点就是"对细节和精确性的执着追求[116]"。还有位德国小说家和散文家恩斯特·荣格尔（Ernst Jünger），他的背景完全不同，人们常常注意到他的民族主义和穷兵黩武问题；尽管如此，他的昆虫学家身份却增进了他在文学上的声望[117]。

除了这些特殊的例子，用昆虫学来谈论某个作家还意味着作家像观察非人的东西那样观察人类。这样的类比很容易理解，但还要回答另一个问题：为什么拿来比较的对象总是昆虫？为什么我们从来不会说一位作者用一种鸟类学家或微生物学家的目光来观察自己的同类呢？这或许得归功于让-亨利·法布尔的《昆虫记》。这部巨著从 1879 年起直到 1907 年才全部出版完成，取得了巨大的成功。法布尔用了大量篇幅来描绘自己如何观察昆虫，甚至还花费不少笔墨讲述了自己如何由乡下的儿童一步步成长为年轻的小学教员、高中老师、运气欠佳的发明家，最终成为靠作者版税养家的独立学者[118]。在他的书中，自传性的逸闻、思考与昆虫学的描述、观察交替出现。有些篇章，比如有关一对天蚕蛾恋爱的叙述，属于"发现叙事"（récit de découverte）这一体裁[119]。这对天蚕蛾中的雌性就是在他的私人实验室里破茧而出的：

> （1891 年）5 月 6 日，就在我动物实验室的桌子上，我亲眼看到了一只雌蛾破茧而出。刚刚羽化的这只雌蛾浑身湿漉漉的，我立即用一个金属网罩把它罩住。尽管我还没想好要拿它做什么。抓住这只昆虫不过是昆虫观察者的一种习惯，总是留意可能发生的一切[120]。

法布尔接着写道，晚上将近 9 点的时候，他的一个孩子跌跌撞撞地跑来告诉他，家里闯入了许多"和鸟一般大的"飞蛾。法布尔急忙过去，比较了一番侵入的飞蛾和关在金属网罩里的雌蛾。于是问题来了，这"四十来只急切的求爱者"是怎么知道这里有一只"成年可以交配的"雌性的呢？是通过光线、声音还是味道获得的消息呢？如果是光线的话，那无异于说飞蛾的"目光如猞猁般锐利，可以透过墙壁看见东西"。不可能是声音，因为照法布尔的说法，飞蛾是无声的。相反，法布尔发现，当他把雌蛾关在密闭的盒子里时，雄蛾就不再聚集过来，所以他怀疑起作用的是"类似我们称为气味的某种被释放出来的物质，非常细微的气息，我们完全感觉不到，但却能吸引嗅觉比我们更灵敏的生物"[121]。美国历史学家弗兰克·埃格顿（Frank Egerton）[122] 称，英国博物学家约翰·雷（John Ray）很早就设想过有这样不被人察

"雌雄粪金龟"（上图），"发掘粪金龟的洞穴"（下图），让-亨利·法布尔，《昆虫记》，
1907。图中可见观察昆虫为全家人的活动。

觉的气味在起作用，这种物质其实对应了生物学家贝特（Bethe）在 20 世纪 30 年代研究的"外激素"（hectohormones），以及生化学家彼得·卡尔森（Peter Karlson）和昆虫学家马丁·吕舍尔（Martin Lüscher）在 1959 年共同提出的"信息素"[123]（phéromones）。值得一提的是，信息素这个概念塑造得非常成功，影响到了昆虫学以外的其他领域，这也让我们回过头来对法布尔笔下由于雌性吸引雄性而导致家人惊慌失措的场景多了一份特别的兴趣。科学的观察与文学的妙笔在此相得益彰。

时至今日，至少在法国，法布尔的名字渐渐不再被人提起，但他在 20 世纪初却享有盛名。

这一点，普鲁斯特是不可多得的证明：一位上流社会的女士对他的作品表示不解，当他为此懊恼之时，让·科克托（Jean Cocteau）对他说："您这是要昆虫去读法布尔的书[124]。"同样的类比不仅仅适用于贵族圈子，也能在《追寻逝去的时光》的人物身上看到。女仆弗朗索瓦兹（Françoise）一方面对自己的出身无比在意，一方面又对帮厨女工刻薄得不可思议，所以普鲁斯特把她比作：

（……）就像法布尔观察到的膜翅目昆虫，那只善于掘地的胡蜂，它为了让后代在自己死后有新鲜的肉可以食用，借助解剖学来发挥残忍的本性，一旦捕获象虫或蜘蛛，就将尾刺精准而巧妙地扎进猎物的神经中枢，使它们的肢体就此动弹不得，而其他的生存功能一切照常，然后把这些瘫痪的虫子安置在靠近自己产卵的地方，让幼虫一孵化出来就能享用既无法逃跑也无力反抗的乖乖的、听从摆布的、绝对不曾变质的美味[125]。

　　很明显，普鲁斯特读过法布尔，也知道各种胡蜂都属于膜翅目。读者或许会以为，巴黎以外的博物学家叙事更为节制，巴黎作家的叙事更富感情。读过《昆虫记》的人就会知道这一观点并不准确。法布尔还是年轻的昆虫学家时，就读过莱昂·杜福尔（Léon Dufour）的著作，并借由这位导师发现了捕食吉丁虫的节腹泥蜂的育儿行为[126]。法布尔把《昆虫记》第五章命名为"高明的杀手"，第七章命名为"匕首三击"，还用"贪食鲜肉的恶鬼"来形容幼虫（第五章），或是写出"很快摆出杀手的架势"这样的句子，这些都足以证明法布尔并不惮于使用动人的写作风格。这样的笔法在这里是专为科普设计的。但类似的修辞在法布尔1855 年发表的论文中，也可以找到；这篇发表在《自然科学年鉴》（Annales des sciences natuelles）上的文章，向科学界报告了他对"节腹泥蜂习性以及节腹泥蜂为哺育幼虫而长期保存鞘翅目昆虫的原因之考察"。论文中的笔法更加含蓄但依旧生动，这不能不让我们感到惊诧。法布尔观察到，这种昆虫选择在隐蔽的地点开凿地洞，再借助地势建成一个天然的过道。用他的话说，"这些勤劳的矿工从事的各种工程真令人叹为观止[127]"。同时，"公开的争斗"屡见不鲜。法布尔把一些猎物拿给负责捕食的泥蜂，这个捕食者"在巢穴四周游走了一会儿"，注意到了送上门来的昆虫，但它甚至"不屑于""啃上一口"[128] 就飞走了。在下一页，我们却看到"泥蜂杀手的腹部悄悄溜到象甲的肚子下方，隆起之后迅速地射出两三根毒刺"。总之看了这些，我们都会对

"杀手可怕的手段[129]"印象深刻。科学的观察在此以一种剑侠小说的语言表述出来，这样的文体借用在《昆虫记》里很常见，除了严格意义上的昆虫，它也被用来描述蜘蛛、蝎子等蛛形纲动物。

披风与剑

法布尔恰好设想过一只蜘蛛，确切地说是黑腹狼蛛，又称纳博讷狼蛛，和蜜蜂、熊蜂以及"其他有毒短剑的携带者"之间的争斗。双方势均力敌，但其中一方最终必定会丢掉性命：

> 面对狼蛛的毒钩，黄蜂使出了自己的毒刺。两强相遇谁能胜？这是一场肉搏。对狼蛛而言，要自保别无他法，它既没有缚住对手的绳圈，也没有制服猎物的陷阱[130]。

法布尔喜欢故意挑起节肢动物间的争斗，以此来进行观察的实验。所以狼蛛面对的，是特意挑选出的最大的熊蜂［长颊熊蜂（*Bombus hortorum*）和欧洲熊蜂（*Bombus terrestris*）］[131]。

通常法布尔只是把争斗的双方置于一处，但有时也会介入争斗的过程。一次，为了观察一只属于捷小唇泥蜂的捕食性鞘翅目昆虫和一只螳螂的冲突，他夺走了"前者的猎物"，然后"迅速换上一只体型相近的螳螂"。法布尔说，这样他就能"观看一场惨烈的战斗"[132]。

沦为受害者的螳螂本身也是一种可怕的捕食者。法布尔对它们交配过程的描述，比起一部萨德侯爵（marquis de Sade）的小说毫不逊色。用皮埃尔·杜祖（Pierre Douzou）的话说，他的描写残酷得"令人不寒而栗"。那些文字不仅催生出雷米·德·古尔蒙（Remy de Gourmont）的《爱情物理学》（*La Physique de l'amour*）（1903），还启发了罗歇·凯卢瓦（Roger Caillois）写于1934年的一篇短文[133]。

法布尔的描述尽可能客观地记录了观察对象的体态和动作，但是也加入了不少坦白来说主观臆断的东西。观察到雄性跃到"健硕的伴侣"背上，或是记录下"交配前戏"的时长，这当然毫无困难，但是怎么能知道雄性向雌性送出"激情的秋波"呢？不管怎样，激情确实存在，而且是致命的，法布尔接着说，交配完成后的时间里，"最迟到次日"，雄性螳螂就被雌性吃掉了[134]。他还好奇"一只刚刚受孕的雌性会怎样对待第二只雄性"，于是他继续观察，发现在两周时间里"同样的雌性螳螂吃掉了多达七只雄性"，为此他总结说："她对所有雄性都敞开怀抱，也让他们为了激情一夜付出生命的代价。"[135]

法布尔还提到雌性螳螂在交配过程中吞食雄性头部的情形——这一行为后来有了神经生物学上的解释——他的描述看起来宽容大度，其实是想更好地表达内心的波澜：

> 婚后吃掉爱人，把筋疲力尽、今后毫无用处的小个子雄性当作盘中餐，这些放在缺少情感的昆虫身上，多少是可以理解的；但是在交配中就开始大快朵颐，这样的凶残恐怕超乎一切想象了[136]。

后来的研究指出，一部分雄性逃脱了被吃掉的命运，而且除了交配，螳螂在其他情形下也会吃掉同类[137]。

朗格多克蝎的交配行为尽管没有那么残忍，但隐藏得更深，法布尔的叙述也同样令人咋舌[138]。一开始，蝎子们自由地追逐，寻找伴侣，配成一对。法布尔这样记录道："这里充满了柔情和天真。人们说是鸽子发明了亲吻。我认为蝎子才是先驱[139]。"但是这样的调情场面却以悲剧收场。法布尔怀疑雄性被他的"婆娘"吃掉了，为了探明真相，他仔细地标记出蝎子夫妇的栖身之所。观察的结果令他惊恐万分，他讲述说："昨天我看见一对蝎子进入巢穴，先是惯常的准备环节，然后是散步；而今天早上，我再去看时，同一屋檐下就只剩下雌性蝎子，雄性已经被她吃掉了[140]。"

法布尔的描述是将某个有遗传学根据的现象率先发现，还是轻率地把某些个别行为说成是普遍的现象？又或者是为了博人眼球而歪曲了观察的结果[141]？不管怎样，这些描述都是《昆虫记》里最常被人引用的部分[142]。

风俗戏剧

法布尔笔下的昆虫并不都是好斗的剑客或吞吃雄性的家伙，许多场景都类似于现实主义小说或风俗戏剧里的样子。

有关隧蜂的章节就是一例。隧蜂和酿蜜的蜜蜂（*Apis mellifera*）不同，它们不会各自形成蜂群，而是在自己出生的地方建立蜂巢，和自己的母亲居住在一起[143]，法布尔这样写道："在地下有十二三个巢室（……）这样一家人由十二三个姐妹组成。（……）她们拥有平等的继承权，那么将来谁会继承整个蜂巢呢[144]?"看起来这些隧蜂一定会为母亲的家产而相互争斗。但实际的结果充满了智慧:"蜂巢毫无疑义地成为共同的财产。蜜蜂姐妹们从同一个地方进进出出,相安无事,她们各行其道,忙于各自的事情。"而她们的母亲,则在巢穴入口处"站岗放哨"。法布尔特别提到:

> 这便是整个家庭的建立者,所有工蜂的母亲,现有幼虫的外祖母。在她年轻的时候,也就是 3 个月前,她独自营建起这个家,忙得筋疲力尽(……)她不能再次养儿育女,于是就成为门卫,迎接自己的家人,不让陌生人靠近[145]。

后代和平相处,共享家产,外祖母参与家庭生活,这一生活片段充满了宁静祥和的气息。但在食粪虫那里,生活同样忙碌,却不那么平静。我们通常说的食粪虫指的是以动物粪便——特别是牛粪——为食的鞘翅目昆虫。其中有一种名为蜣螂,古埃及人很早就描绘过它的形象。法布尔描述过蜣螂如何搬运一颗颗球型"弹丸"状的食物。粪球从堆垒到搬运,并不是一帆风顺。蜣螂不仅要小心翼翼地一点点抬起粪球,还要时时提防自己的同胞,"(它们)假惺惺地来帮忙,其实盘算着一有机会就把粪球占为己有"。有时,粪球就这样被无耻的邻居窃取。要是双方因此发生争抢,还可能会有第三者从中渔翁得利!法布尔因此戏称:"我百思不得其解,谁是蜣螂中的蒲鲁东(Prouhdon),把'私有财产就是偷窃'这个大胆的悖论引入到蜣螂的风俗中来。"[146]

寓言

　　诗歌也没有被遗忘。法布尔专门用一章来谈论拉封丹（La Fontaine）[147] 寓言中的名篇之一《蝉与蚂蚁》（*La Cigale et la Fourmi*）。这则寓言故事来自伊索（Ésope）寓言，故事情节家喻户晓：冬天来临，"整个夏天都在欢唱的"蝉没有积攒一点点粮食。于是她向那只蚂蚁——伊索寓言里是一群蚂蚁——寻求接济。蝉遭到了拒绝，还因为缺乏远见受到批评。在道德家眼里，这则寓言提出了艺术活动如何获取报酬的问题；在昆虫学家眼里，寓言主人公的生活节奏并不符合实际的情形。雷奥米尔在他的《蚂蚁的历史》（*Histoire des Fourmis*）中提到了这一点：

　　　　蚂蚁和蝉的寓言很精彩，也不乏教育意义，但是事实上，蚂蚁并不会在夏季储备食物，而所有的蝉在每年冬天到来前就早已死去[148]。

　　不过雷奥米尔在批评拉封丹的同时，或许也留下了把柄，成为后人批评的对象：的确，蝉在冬天来临前就死了，但并不是所有蚂蚁都不储存食物。雷奥米尔不知道世上还有一类以原生收获蚁（*Messor barbarus*）[149] 为代表的收获蚂蚁。那个时代的博物学家和雷奥米尔一样，都不知道这类蚂蚁的存在。伊索及后来的拉封丹，他们灵感来自古代对蚂蚁的观察；而这些观察结果出自于地中海盆地，那里正是收获蚂蚁生活的地方。相反，后来不相信蚂蚁会囤积食物的博物学家都是北欧人，没有接触过地中海地区的动物。到了 19 世纪，美国昆虫学家约翰·特拉赫恩·莫格里奇（Johann Traherne Moggridge）[150] 才特别注意地理因素对动物行为的决定性影响，这种影响本身也导致了不少观点上的分歧。

　　与其他有关昆虫的论著不同，《蚂蚁的历史》并未在雷奥米尔去世前出版。这本书直到 20 世纪 20 年代中叶才被美国昆虫学家威廉·莫顿·惠勒（William Morton Wheeler）发现，在《昆虫记》面世时仍未出版。法布尔在《昆虫记》中专门有一章谈论拉封丹的这则寓言[151]。他认为这个故事"既不道德也不符合自然史真相"。身为道德家，他批评蚂蚁的自私自利，而替蝉鸣不平。作为博物学家，他一心要重新揭示科学的真相：在炎热的夏季，当蝉像挖井人一样不懈地穿凿树皮时，是蚂蚁在干扰它们，还趁机偷喝树上流出的汁液；几个星期后，等蝉死去，又是蚂蚁把它们的残骸当作食物吃掉。在这篇具有分析性的文章里，法布尔加入了一首一百句左右的诗，用普罗旺斯方言写成，题为《La Cigalo e la fournigo》，但他却假称这是一位朋友的作品。他在探讨弗洛里安（Florian）的一则寓言时[152]，也用了同样的障眼法。这则关于蟋蟀的寓言要说明这样一个道理："要活得幸福，就要活得隐蔽[153]。"法布尔不仅批评了这一寓言，还赋予它一个新的、他认为更符合事实的版本。

昆虫的行当

　　这些细致入微的批评凸显了寓言的独特性，作为一种特定的文学体裁，它兼具通俗性和知识性。另一方面，在《昆虫记》中，拟人化比喻俯拾即是，这些叙事片段常常赋予昆虫具有显著社会意义的职业头衔[154]。我们已经看到，在法布尔笔下，黄蜂与蜘蛛的争斗俨然是一场决斗，他的描写丝毫不逊色于剑侠小说中常见的决斗场景[155]。法布尔经常赋予昆虫"职业"的身份，这些频繁出现的比喻手法在唐纳德·拉莫尔（Donald H. Lamore）的文体学博士论文《法布尔笔下的意象》（*L'Image chez Fabre*）[156]（1969）里得到深入的分析。

捕食性动物被描述成悍匪和恶棍，其他昆虫则从事着值得尊敬的工作：比如隧蜂巢穴入口的"门卫"。在法布尔眼中，昆虫的世界似乎由勇敢、勤劳、相对独立的手工业者组成。更有甚者，这种社会化的手法最终将一大批勤恳的昆虫和少数好逸恶劳的昆虫对立起来。法布尔认为，"浑身散发着金属光芒"的步行虫只会把蜗牛当作"盘中餐"。而如同从"首饰匠的宝匣"中走出来的金花金龟，则只知道在"玫瑰花心里"呼呼大睡。这些体型肥大的昆虫都很漂亮，但是"什么都不会做，既无产业，也无手艺"，对此法布尔模仿民粹主义的激昂腔调呐喊道："卑微者万岁！弱小者万岁！"[157] 显然，这位后来被一位传记作者称为"昆虫的荷马"的人，正在大胆地模仿议会辩论时慷慨陈词的模样[158]。

行当概念的比喻用法不仅限于社会政治层面，也用来描述昆虫具有的某些经济功能：比起"嗜血的库蚊"或"带着毒匕首、暴躁好斗的黄蜂"[159]，消除排泄物的蜣螂和处理尸体的埋葬虫并不那么引人注目，但是"公共卫生要求尽快清除一切腐化的东西"，因此法布尔对食粪虫和食尸类昆虫的"贡献"仍然赞赏有加，称它们是"净化剂"和"施肥机"[160]。

行当的隐喻还用来描述一系列行为，尤其是建造、布置住处或是储备食物时的动作。觅食方面的典型例子可以在螳螂那里找到。雌性蜣螂"如同面包师傅",雄性蜣螂则扮演着"伙计"的角色,负责"从外面带来做面团的原料";法布尔这样评价这种分工:"任何一个和谐的家庭都是这样,女主内,男主外[161]。"有关布置住处的例子举了挖掘巢穴的蟋蟀:

> 挖掘工用前爪扒着土:它用上颚的钳子把大块的沙砾挖出来。在我的注视下,它用带有两排棘刺的强有力的后腿不断踩踏;倒退着耙拢,清理那些废土石,把它们铺在一块有坡度的平面上。这就是它工作的全部方法[162]。

挖掘工开凿出自己的住所,而泥瓦工则是建造自己的房子。壁蜂就是这样的泥瓦匠蜜蜂。法布尔更喜欢后一种说法,因为"(泥瓦匠)一个词就说明了一切";不过在具体谈论两种蜜蜂——高墙石蜂(*Chalicodoma muraria*)和西西里石蜂(*Chalicodoma sicula*)时,他还是给出了学名。有时相同的营巢目标可以由两套技术来实现,法布尔就会大胆地用一连串的比喻来介绍它们。比如他把两类膜翅目昆虫沙蜂和捷小唇泥蜂说成是"同一个行当的两个工人",它们运用"不同的方法达到相同的结果",最后还指出"两个建造工匠各有各的工艺、工程预算和熟悉的主顾"[163]。

乍看之下,行当的比喻是一种通俗化甚至过分夸张的修辞手段。实际运用的时候,这种刻意的拟人化比喻将具体的事实和姿态呈现出来,能激发人们探索的兴趣;因此,尽管法布尔始终重视有关昆虫的教条式概念,但相比之下,比喻的方法更能阐明昆虫的行为。这种比喻的语言对应了一种本质上属于描写和叙述的说明方式，更增添了逼真的效果。

昆虫学家的文笔

安托万·孔帕尼翁（Antoine Compagnon）在他的文学理论课上解释过文学体裁究竟对我们有什么用：文学体裁并不是严格的概念范畴，而是读者准备阅读某个文本时，对自己期望得到的东西作出的一种假设[164]。按照他的定义，我们可以反过来说，当读者深入阅读某个文体特征显著的文本，他就知道这个文本究竟属于哪种文学体裁。

这样看来，作为昆虫学描述典范的法布尔作品，借用了许多文学体裁的表现手法：剑侠小说，表现贪婪欲望的幻想场面，巴尔扎克或帕尼奥尔（Pagnol）式的风俗场景描写，表现个人或家庭生活的小说，甚至还有两篇用普罗旺斯方言写的寓言。要是某个作家完整地读完《昆虫记》，就能从中——部分地——发现各种熟悉的文学形式。

说某位作者用昆虫学家的眼光打量自己的同胞，这不仅仅是在暗示他像观察昆虫那样观察同类，而且还意味着这位作者在描述同类的时候，运用了类似法布尔及其他昆虫学者的修辞和文学样式；同时意味着他在某种程度上使用的是昆虫学家的笔法。这种笔法运用一系列的笔调，制造出恐怖、恶心、幽默、温馨，乃至惊异、迷人的效果。

反过来，昆虫学现身文学的情况并不是那么显而易见，即便有三种《昆虫记》译本——包括出版了 20 世纪初激进无政府主义者大杉荣（Sakae Ossugi）的译本（他还翻译了《物种起源》）——的日本也是如此。在那里，法布尔这位来自法国普罗旺斯的昆虫学家的形象通过各种展览、书籍变得家喻户晓。而且，自江户时代以来，昆虫的身影就在日本文化中随处可见，喜多川歌麿（Utamaro Kitagawa）的《画本虫撰》（*Album d'insectes choisis*）[165]就能证明这一点。年轻一代对昆虫同样充满兴趣：许多儿童和青少年花很大心思制作笼子饲养昆虫，或是参加学习昆虫学知识的社团活动[166]。但是面对昆虫的不适甚至是紧张仍很常见，比如一名小学生就说她害怕飞蛾，因为它们到处乱飞。安部公房（Kobo Abe）的著名小说《砂女》和根据小说改编的电影就表现出对昆虫的恐惧所包含的悲剧意味。故事中，一位昆虫学家被困漏斗形沙洞，这个场景令人想到某些蚁蛉的幼虫在沙地上制造漏斗状陷阱，以此来捕食昆虫，特别是蚂蚁。敕使河原宏（Hiroshi Teshigahara）执导了同名电影，安部公房担任编剧[167]，他在其中想表达的，究竟是昆虫可能引发的紧张焦虑，还是想通过陷阱制造者反而受困的颠倒意象，来致敬那些吸引人类好奇心的昆虫？不管怎样，显然安部公房拥有丰富的昆虫学知识，他能准确说出昆虫的类别，对昆虫行为及居住环境的描写也十分精当。

　　昆虫学家及拥有丰富昆虫知识的作者，笔下总是充满了科学的名词，除了这个领域的专家，普通人对此大多不甚了了。在欧洲，一般人对昆虫都没有太多的了解，很多时候，用日常的语汇甚至没法说出昆虫种类间的不同。我们只能用昆虫所属"科"的总称，笼统地称呼它们，比如：苍蝇、瓢虫、蚂蚁……这就有点像是只能用"猫科"来指称老虎、狮子和猫一样……昆虫学家的文笔也表现在用语的精准。他的文风可以是轻快的，但不会因此影响到科学的严谨性。

旁人眼中的昆虫学家

昆虫学家对昆虫和其他节肢动物的观察方式各有不同，其中结合了精准的描述和分类，还融入了捕捉和对观察地点的准确选择，上述特点或多或少在一些内行且极其热情的业余爱好者身上也能见到[168]。所以，何不让我们把同样的观察目光转向昆虫学家？

昆虫学是一个行业，从事它需要获得文凭，需要进行野外和实验室的研究，研究的成果会发表在刊物上，接受同行的评议[169]，但是昆虫学爱好者却包含了许多层次：业余爱好者、偶尔考察本地昆虫的研究者、利用空余时间研究昆虫学的志愿者，他们的工作成果有时会对专业人员有用，不管是否称得上专家，他们都是这个领域里自学成才的人[170]……

不论是业余爱好者、志愿者、自学者还是专业人士，昆虫学者一般来说——至少在过去很长时间里——都是**男性**，很少有**女性**昆虫学家。女性可以接受有关昆虫的教育，昆虫学家艾蒂安·穆尔桑特（Etienne Mulsant）曾以书信形式，给一位叫朱莉（Julie）的女士传授有关昆虫的基本知识[171]。过去，工于绘画也能让女性参与到有关昆虫的工作当中。马德琳·皮诺-瑟伦森（Madeleine Pinault-Sørenson）在《画家与自然博物史》（*Le Peintre et l'Histoire naturelle*）[172] 里充分说明了这一点。玛丽亚·西比拉·梅里安（Maria Sybilla Merian）在苏里南绘制的昆虫图画兼具观察的精确性和艺术的美学价值，这令她在昆虫学历史上据有首屈一指的地位。我们还可以举出埃莱娜·杜莫斯蒂耶·

德·马西利（Hélène du Moutier de Marsilly）的例子。她是雷奥米尔的合作者和朋友，她的昆虫绘画尤其有助于我们精确地掌握蜜蜂的解剖学知识[173]。此外，克里斯蒂娜·于林（Christine Jurine）也参与了她的父亲、日内瓦博物学家和医生路易·于林（Louis Jurine）的昆虫学工作——特别是对膜翅目昆虫翅膀形态的研究——为昆虫绘制了相关插图[174]。

　　总的来说，过去几个世纪里，业余昆虫学者们利用自己的空闲时间，为搜集、描绘、命名及区分各种昆虫和其他节肢动物作出了自己的贡献[175]。离开了他们的合作，专业昆虫学家就不可能弄清昆虫的情况。即便到了今天，业余爱好者仍在发挥自己的作用。这是因为实地的考察在持续地进行，田野里既能看到兴趣盎然的昆虫爱好者和陪同他们的向导，也能看到退休大学研究人员和目标明确的学生[176]。这种爱好者介入科研的情况，我们称之为"参与式科学"（science participative）。这方面的一个成功案例就是法国国家自然历史博物馆推出的花园蝴蝶观察站[177]。这一成功是否标志着欧洲有关昆虫的文化催生出一次改变？从中我们或许会发现，昆虫学家开始受到人们严肃的对待，他们的形象也发生了改变，不再是我们惯常认为的蝴蝶捕手，而是科学研究者，他们要观察人类活动对环境，特别是对其中发挥重要作用的昆虫有何影响。昆虫学家的专业功能也具有了政治意义，这种对昆虫学家看法的转变，得益于经验丰富、目的明确的业余爱好者的持续帮助，也意味着人们意识到思考科学和政治的复杂关系很有必要。过去很长时间里，科学和政治的关系形式更为隐晦，但是在那背后，不乏科学的政治维度引起关注和争论的情况；时至今日，这些关系直接面对决策中的复杂博弈。

第四章
昆虫的政治

　　维吉尔（Virgile）的《农事诗》（*Géorgiques*）中有关于养蜂技术的篇章，其大意或许可以用蜜与剑来概括。在这本应麦凯纳斯（Mécène）之约而写的书中，维吉尔向麦凯纳斯保证："我会谈到蜂蜜，那是飞来的甘露，上天的馈赠。"他还说："我将用些小东西为你献上一场盛大的表演：我会为你讲述高尚的首领，把整个国家的风俗、好恶、人情、斗争——道来。"[178] 随后是两则插叙。一则比较简短，涉及蜂群所处的植物环境，介绍了一位老人在塔兰托城墙脚下开辟的小花园。另一则更为详尽，讲述了阿里斯泰俄斯（Aristée）无意中导致欧律狄刻（Eurydice）和俄耳甫斯（Orphée）之死，结果丧失自己的蜜蜂，后来又在四头献祭的公牛腹中重新找到蜂群的故事。第一则插叙展示了空间的经济效益和审美价值同时得到最大优化的过程，而第二则插叙在我们看来属于传说和仪式性的内容。但这不过是我们后来作出的区分。不管是技术还是传说，也不管它具有实效还是流于空想，这些内容都表明，在维吉尔以及许多作家那里，有关养蜂技术的记录总是伴随着对蜜蜂行为的政治隐喻式描写[179]。

比维吉尔还要早 3 个世纪的七十子希腊文本《圣经》中，已经有一篇对蜂蜜及产蜜昆虫的赞歌。《智慧各书》中的《箴言》篇，教导懒惰的人要以蚂蚁为榜样。除此之外，七十子希腊文本《圣经》里还劝导人们留心勤劳的蜜蜂，它酿造的蜂蜜是上至君王下至百姓都喜爱的东西；尽管它身形渺小，但仍旧凭借自己的智慧博得人们的尊崇[180]。

国王还是王后？

长期观察蜂群后，人们首先会提出的问题之一就是蜂群内的分工[181]。如果不算幼虫，我们实际上会注意到，蜜蜂有三种个体，它们不仅体型各异，而且行为更是大有不同。其中数量最多的——可以达上万只，拥有螯针，后腿上有花粉篮；它们分泌蜂蜡构筑巢脾，照管幼虫，收集花蜜，采集花粉，保护领地不受外敌入侵。另外一种被称为雄蜂，数量明显更少而体型稍大，看上去依靠前一种蜜蜂生存，并且在冬季来临前赶走它们。最后一种，只有唯一一只，体型更大，更长，似乎扮演着统治者的角色，因为有了它，整个蜂群让人感觉施行着王权体制。我们把这唯一的蜜蜂比喻为君主，而确定它是雄是雌，对于描述蜜蜂社会生活的样貌而言，是关键之一。

一开始在古代作者的想象中，蜂巢的首领似乎更像是国王而非王后。至少人们倾向于这么认为，因为这样的想法看起来符合传统上男性和女性的社会角色分配。

不过，成书于公元前约 370 年的《经济论》（*Économique*）却表达了与此不同的看法。这部书的作者色诺芬（Xénophon）是古希腊贵族、战士和作家，同时也关心当时农业的发展。他在《经济论》这部对话体著作中，把自己原先的老师苏格拉底搬上"舞台"，先是设想了苏格拉底与一个朋友的对话，继而又记录了一位地主向他妻子解释什么是好的管理应遵循的原则。女性被赋予的家庭任务与色诺芬眼中"蜜蜂女首领[182]"的职责较为相似。蜜蜂女首领"打发那些应该到外面工作的蜜蜂出去工作；她了解并收受每一只蜜蜂所采回来的东西"，她主持"蜂房里的建窝工作"，并且"照管雏蜂"。在必要的时候，她还要支持一部分蜜蜂在新的首领带领下移居别处。地主的妻子显然有点困惑，于是就问这是否也是她必须做的事情，地主回答说她确实应该打发那些应该在外面工作的仆人出去工作，监督那些留在家中的仆人有没有偷懒；此外，她还要接纳和分配食物和其他资源。所有这些都是妻子已经在做的，所以地主的话更像是一种描述而不是一项规定，与蜜蜂女首领进行类比则是想给这一描述增加一些合理性。但是这种合理性并不是理所应当的。在蜂巢和家庭的类比关系中，家庭女主人的权力纯粹是家务事方面的，在色诺芬看来，这种权力只是对政治权力的补充，而政治权力与战争活动联系在一起，完全属于男性。尽管色诺芬没有明言，我们也能从文中推导出，蜜蜂女首领的权力完全是雌性的权力，因为蜜蜂内部没有战争，或者更确切地说，色诺芬没有提到蜜蜂的战争。

而在亚里士多德的分析[183]以首领性别和战争状态的联系为基础。

他在《动物志》(*Histoire des animaux*)里谈到蜜蜂时，把它们分为带刺的"蜜蜂"，不带刺的"熊蜂"(Bourdons)和带刺但不用它来蜇刺的"首领"[184]。在《论动物的生殖》(*De la génération des animaux*)中，亚里士多德更进一步，提出了一系列假说。要把握其要义，必须记住，在亚里士多德那里，"蜜蜂"指的是我们今天所说的"工蜂"。"属类"(genre)这个词也不具有18世纪生物分类学赋予它的意义，而仅仅表示一个类别，一个范畴，一个种类。亚里士多德设想了两种可能：一种认为"蜜蜂"是"蜜蜂"间交配所生，"雄蜂"(Faux bourdons)是"雄蜂"间交配所生，"蜂王"是"蜂王"间交配所生；另一种则认为除了"蜜蜂"和"雄蜂"，其余的都来自其中的一"种"，或是"蜜蜂"和"雄蜂"两种的杂交。在这样的情况下，要不就是"雄蜂"为雄性，"蜜蜂"为雌性，要不就是正相反[185]。但雄蜂为雄性的假设在亚里士多德看来并不可信，因为蜜蜂有螯针，雄蜂却没有，他坚持认为"大自然不会把战斗的武器赋予雌性"。有关社会分工的成见就这样作为论据，插入到这段融合了细致观察的推理当中。

像这样结合了经验知识和社会想象的情况，还可以在公元1世纪老普林尼(Pline l'Ancien)所著的《自然史》(*Histoire naturelle*)里见到。该书第十一部分第四至第二十三章谈到了蜜蜂，其中有这样一段论述：

（在所有昆虫中）蜜蜂是第一流的，而且也是唯一可以和人类相提并论的。她们产出蜂蜜这种甘甜、清淡、有益的汁液；她们制造蜂巢和蜂蜡，在生活中可以有千百种用途；她们是勤劳的能工巧匠，组成了一个政治化的社会，各自形成群体，服从共同的首领，更妙的是她们还有一套道德的规范[186]。

蜂群出产蜂蜜与道德，成为后世谈论蜜蜂的文献中两个经久不衰的主题。而蜜蜂首领的性别始终模糊不清；在这个问题上，老普林尼用的词是阳性的国王，仿佛这是理所当然的。比如，他写道：

> 可以确定的是，国王不使用他的螫针。而他的子民完全听命于他。国王出行的时候，整个蜂群跟随着他，聚集在他身边，包围他，保护他，不让他被看见。其余的时间里，子民劳动，国王就在蜂巢里监督各项工作，似乎在发号施令，而他是唯一可以不必工作的[187]。

女战士与显微镜

此后过了 1600 年，蜂群首领的雄性身份才重新受到质疑。与之相关的主要文献有查尔斯·巴特勒（Charles Butler）的《雌性君主制或蜜蜂的历史》（*The Feminine Monarchie or the History of Bees*）。这本书 1609 年首次出版，此后一直到 18 世纪又多次再版。作者在书中提到了大量的技术实践经验，使该书看起来很像一部养蜂术教材，所以很受欢迎，然而作者并没有闭口不谈政治。他把蜂群描绘成一个"女战士或雌性主导的[188]"王国。雄蜂是游手好闲之徒，他们靠其他蜜蜂辛劳的汗水养活[189]。所以它们要听从蜜蜂（指的是工蜂）的指挥和统治就成了情理之中的事情。简而言之，用语法学家的话来说，蜂群里"阴性胜过阳性"。巴特勒担心这会让读者就人类两性的地位问题得出"强词夺理"的看法，所以忙不迭地指出蜜蜂不过是个特例，而一般来说雄性总是比雌性更占优势[190]。

如何确定性别的问题不仅涉及蜜蜂的首领，还在更大范围里牵涉到蜂群里所能见到的不同形态的蜜蜂，它们中的绝大多数都是无繁殖能力的雌性，昆虫学著作的作者会像雷奥米尔那样称它们为"骡子"。当然，蚁群也面临同样的问题，无繁殖能力的雌性蚂蚁也被称为"骡子"。前文已经提到过蚂蚁，指出它们的勤劳和储备食物的行为不过是人们的想象[191]。蚂蚁一方面被人们尊为楷模，一方面又因为数量庞大而引起人们的不适和担忧。蒙田（Montaigne）在哀叹我们忙于"为事物的注解加注解而不是为事物本身加注解"时，这样总结道："注释麇集蚁聚，密密麻麻。"[192]英语里，这种大量聚集的意思是借助蜂群出动的样子来表现的——to swarm，意思是像蜜蜂成群飞离蜂巢那样云集。蚂蚁的生活除了具有群聚的特点，还有一个惊人之处，无疑是季节性出现的飞蚁。今天，许多城市居民以为这是一种特殊的蚂蚁，但博物学家很早就发现飞蚁来自普通蚂蚁。有些人还曾认为蚂蚁生出翅膀是它在将死之时从上天获得的馈赠[193]。现在很难知道过去的伐木工人、牧羊人和那些经常有机会见到飞蚁的人如何看待这种动物。但我们可以在《堂吉诃德》（Don Quichotte）中找到宝贵的、提到飞蚁的地方。塞万提斯（Cervantès）借桑丘（Sancho Panza）之口说出这样一句谚语，"蚂蚁长翅膀，自取灭亡"，桑丘在放弃自己虚假的总督职位时还说："蚂蚁长了翅膀飞在空中，就会被燕子等小鸟吃掉；我现在把身上的翅膀撇在这个马房里，重新脚踏实地了[194]。"

领导蜂群的是国王还是王后？为什么有些蚂蚁在某个阶段会有翅膀？这两个问题在同一时期借助解剖学观察得到了解答[195]。转折点出现在《昆虫自然史》（*Histoire naturelle des insectes*）中。这部书的作者是 17 世纪下半叶荷兰博物学家扬·斯瓦默丹；他把"产蜜的蜜蜂"——拉丁文原文为 *operariae*，表示工蜂——单独划为一类，因为在它们身上他没有发现任何部位"可以表明它们的性别"；相反，他指出"用于繁衍后代的器官在充当国王的雄蜂和唯一的王后（称呼它为蜂王并不合适）身上很明显[196]"。换句话说，斯瓦默丹在显微镜下解剖和观察昆虫，根据辨认出的生殖器官来判断雄蜂是雄性而蜜蜂的首领是雌性。蜂王其实是位皇后，同时也是位母亲。相反。其余蜜蜂的性别仍是不确定的。至于蚂蚁，斯瓦默丹经过观察得出结论，认为大型、带翅的蚂蚁是雄性，而大批无翅蚂蚁则被视为"工蚁[197]"。下面这段话可以概括斯瓦默丹的结论：

（……）所以蚁群中的雄蚁只有在繁衍后代的时候才体现出自己的优势，在这一点上，和蚂蚁有诸多关联的蜜蜂也一样。这两种昆虫各自遵循本能，过着群居生活。在繁殖期以外的时间里，它们的群体中完全没有高低之分，仿佛构成了一切共有、人人平等的共和国[198]。

丰特奈尔在《关于宇宙多样性的对话》（*Entretiens sur la pluralité desmondes*）（1689）[199]中提到了蜜蜂各种奇特的习性，特别是颠覆传统性别角色。在这部文字优美、内容科学严谨的著作中，丰特奈尔化身书中一位人物，为了博得一位渴求知识的侯爵夫人的欢心，每天晚上在公园里为她讲解物理和天文。在第三晚临近结束的时候，侯爵夫人想要更详细地了解居住在各个行星之上的生物，于是叙事者煞有介事地告诉她，在一个他不愿道出名字的星球上，生活着一些"非常活跃、勤恳、灵巧的居民"。尽管有人指责他们是强盗，但无不崇敬"他们对国家利益的热忱"。他们不能生育，被迫过着一种无欲的生活；但是他们的"族群"仍然能够延续下去，这都得益于一位"生育能力惊人"的"女王"；她的后宫里有许多丈夫，他们唯一的职责就是满足她享乐和繁衍后代的需要，一旦完成使命就会被杀死。侯爵夫人听了这则"奇闻"大为不满，叙事者于是告诉她其实这些居民就是蜜蜂。这里，类比充当说教的手段，向大众普及科学家们讨论已久的事情。

不过这些内容在伯纳德·曼德维尔（Bernard Mandeville）的著作《蜜蜂的寓言》（*Fable des Abeilles*）中完全见不到。这部1714年出版的政治学经典只不过借用了蜂巢富饶、强盛、人口众多的城邦形象。作者想象蜜蜂厌倦了贪婪和欺诈所造就的繁荣，转而决定追求道德。这一决定导致律师、狱卒、宪兵、庶务官快速消亡，因为没有人犯法，也就不再需要这些职业。连锁匠也变得一无是处，因为再也没有人想要入室盗窃。医生开的处方里都是些本地的药，它们和舶来药相比，同样有效还更加便宜。领取教会俸禄的人坚决地履行自己应尽的职责。最富有的蜜蜂远走高飞。土地和房屋的价格一落千丈。与奢侈相关的行业从业者，包括画家和雕塑家，都失去了工作。被遗弃的蜂巢遭到了邻居的攻击，剩下的蜜蜂尽管英勇却也被征服，只能居住在空洞的树干里。这个故事的副标题概括了它想要揭示的道理："私人恶德即公共利益"；在这个故事出现半个世纪之后，亚当·斯密（Adam Smith）提出了"看不见的手"，在这只手的引导下，通过追逐个人的利益增加"社会的年收入[200]"。

和《蜜蜂的寓言》大不相同的另一部著作名为《自然奇观》（*Le Spectacle de la Nature*），它是 18 世纪的私人藏书中最具代表性的作品之一[201]。作者诺埃尔·安托万·普吕什神父（l'abbé Noël Antoine Pluche）将科学普及和宗教宣传结合起来。他在谈到蜜蜂时，毫不掩饰自己对"这些小动物"及其"社会精神"的崇敬。他还强调蜜蜂"是自由的，因为它们只服从法律"；它们也是富有的，"因为它们职能间的协作"保证了它们的富足。相比之下，他觉得"人类社会"则显得"残忍可怕"："一半的人为了获得更多无用之物，剥夺了另一半人基本的必需品。"[202] 这番政治考察的背后包含了这样一个神学教诲，用普吕什的话说："只要没有上帝指引，人类很容易就成为最不公、最腐化的动物[203]。"换句话说，失去上帝，人就禽兽不如——如此严酷的结论来自作者的悲观主义，而这种悲观很大程度上与冉森派的观点暗合，在冉森派看来，人的悲苦得不到救赎。这种观点上的接近并不是偶然：米肖（Michaud）的《世界名人传》（*Biographie universelle*）中有关普吕什神父的简介告诉我们，这位神父因观点违背教皇颁布的《乌尼詹尼图斯谕旨》(*Unigenitus*)而遭到上层的压制，也就是说，教会统治阶层怀疑他同情冉森派人士。尽管曼德维尔和普吕什笔下的蜜蜂有诸多不同，但是他们的叙述都传达了一定的政治意图。

相互竞争的范式

观察社会性行为，确定多态性的解剖学特征，这为提出概念提供了基础，而这一基础本身还可以进一步得到补充和修正。托马斯·库恩（Thomas Kuhn）所定义的范式概念既适用于斯瓦默丹的著作，也特别适用于雷奥米尔的作品。我们之前提到过雷奥米尔，知道他对分类和命名的问题不感兴趣，也知道他和布封对于昆虫在自然史上的地位有不同的意见。1734 年至 1742 年间出版的六卷本《昆虫史论文集》包含 267 幅插图，图片的精美突出了解剖学的重要意义，它能帮助我们理解昆虫的行为[204]。这六卷书中，有大量篇幅涉及蜜蜂。人们还发现了一篇关于蚂蚁的文稿，原本是要用来组成第七卷，但很长时间都没有发表[205]。

在昆虫学的历史上，蜜蜂和蚂蚁还与两位日内瓦学者的名字联系在一起，他们是弗朗索瓦·于贝尔（François Hubert）及其儿子皮埃尔·于贝尔（Pierre Hubert）[206]，两人在昆虫学领域都颇有建树。弗朗索瓦·于贝尔的著作《对蜜蜂的新观察》(*Nouvelles observations sur les Abeilles*) 1792 年出版，1814 年再版，书中对蜂后繁殖过程的观察，使之在整个 19 世纪被读者奉为权威。整本著作由一系列作者写给夏尔·博奈（Charles Bonnet）的信组成。他在信中讲述了观察和实验的结果。作者自

20 岁起即双目失明，这些观察和实验是他指导自己的仆人弗朗索瓦·布尔内斯（François Burnens）完成的。

弗朗索瓦·于贝尔的儿子皮埃尔除了与父亲合作，还独立开展对蚂蚁的研究[207]。他的著作《对土生蚂蚁习性的研究》（*Recherches sur le mœurs des Fourmis indigènes*）出版于 1810 年，其中许多内容至今仍被人引用，比如他对蚂蚁触角的交际作用以及蚜虫、蚂蚁关系的观察，还有他发现的一种社会性寄生形态；他把这种形态称为"奴役"，这一提法后来引起了广泛的争议[208]。

借助于贝尔父子的工作，昆虫学中形成了一个研究领域：社会性昆虫。这个说法并不是理所当然的。因为社会性昆虫的说法等同于单纯从行为来定义某个群体，而通常的做法是把形态特征作为分类更主要的依据。

在这方面，阿梅代·莱佩莱蒂埃（Amédée Lepeletier）的著作在昆虫学史上具有特别的地位。莱佩莱蒂埃又名圣法尔若伯爵（comte de Saint-Fargeau），出身于一个穿袍贵族家庭，他的两个哥哥都是革命党人[209]。他的主要著作《昆虫自然史：膜翅目》（*Histoire naturelle des Insectes. Hyménoptères*）发表于 1836 年。在他看来，"本能特性"的不同是比解剖学差异更为重要的"一种区分昆虫所属类别的特征"，后者"不过是前者的表现形式"。他还从形而上学的角度证明了自己这一方法上的大胆构想：

> 我们认为造物主把本能赋予动物，并视本能为高于物质的原因；因此，他也规定我们要把智能的部分看作肉体部分的模型[210]。

后来的研究者并没有采用莱佩莱蒂埃提出的方法，或许是因为这一路径看起来诱人但并不能产生丰硕的成果。依据社会行为来描述昆虫的特征，和分类学对昆虫的划分并不一致。自18世纪初以来，蚂蚁、蜜蜂和黄蜂就被归为膜翅目，这一类别中只有少数具有社会性特征。欧洲人在很长时间里并不了解的白蚁（或是把它们和蚂蚁混为一谈，所以才会称它们为"白色蚂蚁"[211]）。19世纪初，白蚁曾被归入脉翅目；后来直到今天，它们被单独划为包含2800多个种的等翅目。同样是膜翅目昆虫，成千上万种蚂蚁群居生活，而许多种蜜蜂则习惯独居[212]。不过行为的特征并没有像表面看上去那样完全被排除在考虑之外。把行为和形态联系起来依旧是可能的，也是富有成效的。比如听觉交流就需要有合适的声音信号发送和接收器官[213]。

实际上，范式的竞争表明，整个18世纪和19世纪上半叶，人们进行了大量有关昆虫的研究和观察，其中一些没有成为主流，而另一些则为昆虫学的建立添砖加瓦。从斯瓦默丹到雷奥米尔和拉特雷耶，再到于贝尔父子，昆虫社会属性的研究范围逐渐有了清晰的结构，与此同时，带有政治意味的论辩主题[214]也已走上前台。

共和制还是君主制？

儒勒·米什莱在1858年发表了《虫》（*L'Insecte*），这一时期，他拥有丰富、翔实的资料[215]。这位历史学家从不否认自己的学识得益于他的阅读经历，他强调，"于贝尔父子有关蜜蜂和蚂

蚁的著作"给他的心灵带来了"强烈的、具有决定意义的震
撼"[216]。不过他后来开始有关自然史的写作，是受到第二任妻子
阿泰纳伊斯·米亚拉雷（Athénaïs Mialaret）的影响，并且是与
她合作完成的[217]。不管是《虫》，还是他的另外三部自然史普及
读物《鸟》（L'Oiseau）（1856）、《海》（La Mer）（1861）、《山》
（La Montagne）（1868），米什莱往往在其中对博物学家的描述加
以发挥，用隐喻的方法书写出一幅自然的精神图景[218]。他在导言
里写道，昆虫的世界在他看来是一个"黑暗神秘的世界"，但其
中"可以窥见灵魂两大宝贵财富——永恒与爱——最为锐利的光
芒"[219]。

"家养蜜蜂（Apis mellifica）。a. 雌性工蜂；b. 蜂后；c. 雄性"，威廉·莫顿·惠
勒，1926。
美国昆虫学家威廉·莫顿·惠勒于 1924—1925 年在巴黎开设一系列课程。

　　尽管《虫》具有非凡的历史意义，但出版 20 年后，它已然
过时了。1877 年，阿尔弗雷德·艾斯比纳斯（Alfred Espinas）发
表了《动物群居》（Les Sociétés animales）[220]。尽管他对米什莱赞

赏有加，称"这位伟大的历史学家对动物家族的论述前无古人[221]"，但在写自己的著作时，他没有再参考米什莱用过的文献。艾斯比纳斯偶尔会引用弗朗索瓦·于贝尔，引用皮埃尔·于贝尔的地方还要多一些，但他主要参考的是奥古斯特·弗雷尔（Auguste Forel）在 1874 年发表的《瑞士蚂蚁》（*Les Fourmis de la Suisse*）[222]。艾斯比纳斯认为，昆虫群居只是诸多社会性生物表现之一。在昆虫身上看到的仅仅是"母系家庭群居"现象，这种群居比起以获取食物为目的的群居和交配期个体的聚集要高级，但是比起鸟类和哺乳动物中存在的"父系家庭群居"仍然低级。

可以说弗雷尔和艾斯比纳斯开启了一个新的时代，这个时代一直延续到 1926 年威廉·莫顿·惠勒在巴黎授课。对于法语国家和地区的读者而言，莫里斯·梅特林克的三部曲最能代表这个时代，它们分别是《蜜蜂的生活》（*La Vie des Abeilles*）（1901）、《白蚁的生活》（*La Vie des Termites*）（1926）和《蚂蚁的生活》（1930）[223]。这个时代不同以往的地方在于：对动物行为的研究明确采取了进化论的视角。不过，在这种巨大变化之后，我们仍能找到一些不同时代反复出现的主题。

提起蜂群或蚁群时，人们常常会见到"共和国"这个词；在有些作者笔下，这个词与王国的比喻并行不悖。在一本共和五年（1797 年）再版的《博物学指南》（*Manuel du naturaliste*）里，在"蜜蜂"一条中可以读到，蜜蜂对"女王有多忠诚，女王对共和国就有多重要[224]"。共和国在这里似乎是国家的同义词。这个最初的意思包含在拉丁语 *res publica* 中，它也解释了法语中为什么用这个词（république）来翻译柏拉图（Platon）《理想国》一书的标题，而原作书名在古希腊语中其实是 *politeia*。1802 年，拉特雷耶称蚁群是波澜不惊的共和国，而他想说的就是"国度"的意思。1810年，皮埃尔·于贝尔把自己著作的最后一章命名为"对生活在共和国中的昆虫的思考"，这里所涉及的昆虫既有胡蜂、蜜蜂，也有蚂蚁和白蚁[225]。

尽管"共和国"这个词出现频率很高，但对某些作者而言，它仍带有反对君主制的内涵。所以，在1822年的一篇养蜂术论文中，作者就化身为蜜蜂女王的捍卫者：

> 蜜蜂之母统领的是君主国，而不是人们通常所说的共和国。啊！这是一个多么完美的君主制度！一国之主颁布的法律，充满了睿智和对公共利益的爱！臣民们则无比的忠心，爱国，团结，真希望欧洲的君主国里也能看到同样的景象[226]。

当莱佩莱蒂埃·德·圣法尔若反过来要证明蚂蚁之中没有女王时，其实也是出于对君主制的推崇：

> 关心社会上其他成员的利益和需要，发布有益的命令，这是君主政体的义务，获得服从则是这种政体的权利。到目前为止我们在蚁群里观察到的，却和发号施令没有什么关系，蚂蚁世界里一切都井井有条，按部就班，并不是因为它们有唯一的首脑在统筹安排[227]。

所以蜜蜂拥护君主政体，蚂蚁拥护共和政体。正如米什莱所说，"蚂蚁是实实在在、彻彻底底的共和派"，它和蜜蜂不同，甚至不需要靠"尊崇共同的母亲[228]"来获得精神上的支持。在使用这些意象时，有的作者表现得更为理智。皮埃尔·于贝尔会使用这些意象告诫读者："像女王、臣民、宪法、共和国这样的字眼，不要从字面上去理解它们[229]。"1795 年，道邦顿（Daubenton）在给师范学校开设的一门课中，批评了自然史上"浮夸的文风"导致的错误："狮子不是百兽之王"，他的这句话暗中针对的是布丰。面对热情的听众，他又补充说："自然界里没有国王。"在随后的学生提问环节，有名学生提出不同意见："我在自然界中观察到比国王更糟糕的东西，我见过女王，更特别的是，那还是共和国中的一位女王。"道邦顿回答说，蜂群里行使权力的是"工蜂"，而所谓的女王不过是一位母亲，她唯一的职能似乎就是产卵[230]。

论昆虫间的不平等

　　昆虫的群体即使实行共和制，它们之间也远不是平等的关系。首先，在蜜蜂和蚂蚁之中，不同性别之间就有很大的差异。雄性除了参与繁衍后代，其他一无是处。有些作者把繁衍的过程和短暂的肉体欢愉联系起来。拉特雷耶在 1798 年记录道，雄蚁为了婚配展翅高飞后，就不再回到蚁群，因为它们在那儿已经没有什么用处，他感叹说："它们了却了自然的愿望，爱的愿望，生命就此已经到了尽头；肉体的欢愉总是转瞬即逝[231]。"皮埃尔·于贝尔在谈到蜂后的繁殖行为时，说她拥有一个"雄性组成的后宫[232]"。莱佩莱蒂埃·德·圣法尔若出色地把肌肤之亲定义为"物种繁衍必不可少的感官需要"，但他对工蜂屠杀雄蜂的凶残行径却显得无动于衷[233]。关键的问题显然在于传统性别角色的倒错。就像皮埃尔·于贝尔所写："在这些共和国里，武器、勇武、战术是雌性的特权，而软弱、闲适和背井离乡却是雄性的命运，这和我们的风俗多么大相径庭啊[234]！"

白蚁群中，虽然不存在这样的性别差异，但并不是说它们就能平等相处。诗人雅克·德利尔（Jacques Delille）这样描述它们：

> 它们贤明的共和国里划分出三个阶层，
> 工人、贵族和士兵共同构成这幸福的群体[235]。

大概德利尔把负责繁衍后代的夫妇划为"贵族"阶级。这种生物学层面三个等级的划分不禁让人想起中世纪的三重分工（农民、骑士和教士），但在昆虫社会里要找到和教士对应的阶层似乎不太容易[236]。

在蚂蚁和蜜蜂中，除了有性别的不平等，还有等级的差别。尤其是蚂蚁：工蚁天生就不能"享受爱的柔情"，它们没有翅膀，沦为永远依附于土地的"底层人"[237]。不过拉特雷耶并没有执着于这种悲观的看法，他反过来提出另一种说法：

> 权威、权势、力量，它们的拥有者主要是那些在我们看来不受恩宠的渺小生灵。它们是新生家族成员的养育者和监护人。数量庞大的后代托付给他们养育。对它们来说，真正的幸福似乎就来自教育这些收养来的孩子，参与这种亲子关系给它们带来的愉悦，弥补了他人对它们的剥夺[238]。

其他作者也有和拉特雷耶相似的看法。皮埃尔·于贝尔就惊叹于工蚁对"其他母亲所生的孩子[229]"表现出的天然的爱。拉特雷耶和于贝尔还提醒我们，工蚁或工蜂甚至会推选出新的皇后[240]。总之，是工蚁或工蜂在左右一切：她们在蚁群和蜂群中集体行使母系权力。在《虫》的最后一章"蜜蜂如何形成自己的人民和共同的母亲"中，米什莱用抒情的笔法谈论的也是相同的话题。

这样的母权共和国得到了阿尔方斯·图斯内尔（Alphonse Toussenel）的热烈拥护。这位博物学家和科普作家是夏尔·傅里叶（Charles Fourier）的弟子，据莱昂·波利亚科夫（Léon Poliakov）的说法，他还为一份反闪米特主义的争鸣报纸撰写文章[241]。但图斯内尔坚信自然界中雌性更为高级，他认为蜜蜂和蚂蚁的历史证明了"个体的幸福""和雌性当权直接相关"。在他看来，蜂巢是唯一仅靠劳动创造财富的共和国。可能有人会拿雄蜂被屠杀的事实来反驳他，但他会争辩说"不打碎几个鸡蛋很难做出一盘好的炒蛋[242]"。

雄性的不幸遭遇或是雌性工人的被迫禁欲，似乎都不能真正影响昆虫社会的和谐景象，这幅图景却将受到战争和奴役的动摇[243]。

论战争与奴役

先来看战争。皮埃尔·于贝尔没有忘记维吉尔笔下蜜蜂的战争，还从蚂蚁的战争中看到了"类似人类大规模争斗的惊人场景[244]"。尽管莱佩莱蒂埃·德·圣法尔认为雄性不能劳作被屠杀是合理的，但他随后就毫不留情地批评了"不同蜂巢间工蜂的争斗行为"。他认为这些争斗"缺乏甚至毫无理由"，只好用蜜蜂的性格来解释："工蜂既不好客，又不慷慨；有时还会劫掠一番。"[245] 米什莱也着迷且震惊于蚂蚁间的争斗，他用整整一章来描写他称为"内战[246]"的场景；但米什莱的这一说法并不恰当，因为他描写的战争发生在不同种的两个蚁群之间，那是小个子的"水泥匠"加倍报复有旧仇的大块头"木工"[247]。

然而奴役更能震撼人心，引人深思[248]。首先还得提到皮埃尔·于贝尔，他讲述了自己的一个发现，详细地指出了时间和地点：

> 1804 年 6 月 17 日下午 4 点到 5 点之间，我在日内瓦近郊散步，这时看到脚边一队红棕色或近于红棕色、体型较大的蚂蚁正横穿马路[249]。

他跟着这群蚂蚁，看到它们攻击一处黑灰色蚂蚁的巢穴，抢走幼虫和蛹，带回自己的蚁穴。他把这些红棕色的蚂蚁称作"古罗马军团"或"亚马孙女战士"。后来他发现了一些"混种的蚁群"，在那里，被俘的蚂蚁成为这些女战士的工人。于贝尔毫不犹豫地用奴役的类比来解释这一现象：

> 所以黑灰色蚂蚁是亚马孙女战士的黑奴；女战士冲入黑灰色蚂蚁的巢穴寻找奴隶；趁它们的性格尚未健全时把它们掳走，在自己的蚁群里将它们养大，然后就可以分享它们的

劳动果实[250]。

作者面对这一情形，并没有感到道德上的不安。相反，他认为这种"在人类身上略显野蛮"的制度出现在昆虫当中，体现了自然的审慎周密，是值得推崇的事情。人们在混种蚁群中看到的，既非"奴役"亦非"压迫"：被奴役的蚂蚁"似乎并不认为自己身处异族的巢穴"[251]。皮埃尔·于贝尔对蚂蚁奴隶制的论述表明，他一方面对人类实施奴隶制所采取的残忍行径感到震惊，一方面又对这一制度本身表示宽容和理解。

朱利安-约瑟夫·维雷（Julien-Joseph Virey）也试图说明，"尽管大自然在蚂蚁族群中创造了奴隶制"，但我们会看到这些奴隶变成新的国家的公民。他把奴役的问题转化为不同阶层之间显著的不平等问题，最终归结到"底层人"的命运上来："每个阶层各司其职，尽力而为，可以说上级在这里，并不比下属更自由，更称得上主宰。"在他看来，这种幸福的状态正好与人类的情形相对，因为人类中盛行的是"一些人控制，奴役另一些人"[252]的制度。

莱佩莱蒂埃·德·圣法尔若显得更为玩世不恭，他认为奴役行为表明，即便是没有理性的动物，也懂得比较。他称赞某只昆虫"知道安逸能带来享受，就挖空心思为自己找来一些忠诚的奴仆，替它承担家务的重负，免得让自己受苦受累[253]"。他还强调，丝毫不用担心这群奴隶中会冒出一位斯巴达克斯（Spartacus）那样的反抗者，因为它们从小就被俘虏过来，"把自己服役的国家当作唯一的祖国[254]"。这种从古代文化中获取灵感的修辞在阿尔芒·德·卡特法日（Armand de Quatrefages）笔下也能看到，他在《一位博物学者的回忆》（*Souvenirs d'un Naturaliste*）中说，这些蚂蚁"像古代战斗民族一样生活安逸"，因为和他们一样懂得"驱使奴隶为自己服务"[255]。

米什莱的反应则大不一样。他描述了自己在皮埃尔·于贝尔的书[256]中发现奴役现象时的情形。他既觉得震惊，更感到气愤。本想在自然中返璞归真，何曾想却看到了"这样不可名状的东西[257]！"。米什莱认为奴隶制的支持者在耀武扬威。他一怒之下怪罪起于贝尔的书。最后，他决心把这件事前前后后考察清楚。米什莱仔细地区分了可憎的奴役和田园式的畜养。蚂蚁饲养蚜虫，然后从它们身上吸食树蜜，这再正常不过了。所以米什莱会有这样的惊人之语："这是畜牧而不是奴役[258]。"随后，他谈到蚂蚁中的奴隶制，用自己的话讲述了皮埃尔·于贝尔的发现，描述了混合蚁群，并惊叹于"开化的底层人""爱护群体中那些健硕、野蛮的战士"，并为它们抚育子女。最后，他尝试用劳动分工来解释这种奴隶制。所有的蚁群都至少包含三个阶层：雄性、"可以生育的"雌性以及大批"负责劳作的处子"。在米什莱看来，这些劳动者是"真正的群众"，它们又分为一个女战士阶级和一个女工人阶级。米什莱进而提出，拥护奴隶制的种群体型庞大，它们经过迁徙，缺少关键性的劳动者蚂蚁阶级："所以她们为了生存下去，盗取黑蚂蚁幼虫，把它们抚养长大，同时也成为它们的统治者。"[259]

因此大自然非但没能证明奴隶制的合理性，反而揭露了它残酷一面，而恰恰是这一面让主宰者不得不依赖于自己的奴隶。米什莱从历史转向自然，只是为了从自然中发现历史。而正如罗兰·巴特（Roland Barthes）所言："米什莱没能给予道德顺乎自然的解释，反而给予自然道德的面目[260]。"如果想要列举出一个作者，能在谈论群居昆虫时给予道德顺乎自然的解释，那马塞兰·贝特洛（Marcelin Berthelot）是最好的例子。贝特洛既是著名的政治家，又是有名的化学家，他利用闲暇时光来观察昆虫。贝特洛于 1886 年发表了题为《科学与哲学》（*Science et Philosophie*）的文集，其中一篇文章名为"动物城邦及其进化"（Les cités animales et leur évolution）[261]。贝特洛认为，人类社会和动物社会的比较表明，人与其他动物拥有相同的社会性本能；以此来解释社会现象，比起社会契约这样"虚无缥缈的"假说要好得多。贝特洛知道，有人会用动物社会稳定而人类社会多变这样的经典论据来质疑他，而他反驳说蚁群也会经历兴衰变迁，这是他在巴黎附近一片树林里观察到的结果。十几年后，在另一本名为《科学与道德》（*Science et morale*）的文集中，贝特洛专门写了一篇有关蚂蚁入侵的文章[262]。他明确指出，拿人类社会与蚁群相比，要比与蜂群相比更有意义，因为蜂群遵循统一的律令，而蚂蚁社会仍给个体能动性留有余地。1903 年，马塞兰·贝特洛参与了《虫》一书的再版工作。借此机会，他既表达了对米什莱的崇敬，也批评了他在自然史中寻找能代表自己思想的东西这种做法。

不过，米什莱不是唯一符合巴特说法的作者。就连达尔文也没能完全抵御道德化自然的诱惑。他在《物种起源》初版（1859）[263]第七章里，引述皮埃尔·于贝尔的研究来探讨某些蚂蚁奴役同类的本能；按照他的设想，实行奴隶制的蚂蚁，它们的祖先只通过盗取和储存其他蚂蚁的幼虫来获取食物。其中部分幼虫或许长大变成为工蚁，这些工蚁在新的蚁群中会按照自己的本能，从事自己本来就会做的事情。在达尔文看来，可以用解释某一器官形成的办法来解释某种行为的产生。他在一处附加的议论中引入了道德。他解释说自己想重复皮埃尔·于贝尔所做的观察，因为他很自然地怀疑奴役这种独特而又可憎的本能是否真的存在[264]。达尔文的这一说法很令人惊讶，因为我们想不出为什么非得给自然附上某种道德价值，才能更容易承认一个丑陋的自然现象的存在。

进化与社会

让-亨利·法布尔的许多论述中也隐含了一种对自然的道德化看法。《昆虫记》中关于"松毛虫"的章节[265]就是其中一例。

法布尔讲述了松毛虫在夏季产卵，几周后卵孵化为毛虫的情况。他描写了毛虫如何在天气刚刚变冷之时就开始筑巢，以备集体在此过冬。他为我们展示了这些毛虫排成长队在树上移动，过多的毛虫会对这些树木构成极大的危害。最后，他让我们见证了毛虫如何作茧，以及松毛虫蛾如何破茧而出。这些飞蛾交配产卵，孕育出新的一代毛虫，如此循环往复……法布尔对毛虫筑巢的过程尤其关注：

> 在松树的高处，毛虫们选好一处树叶繁茂密集的枝杈末端，然后如纺织女工般抽丝结茧，用逐渐膨大的线团将那里包裹起来，周围的树叶被拖入其中，最后和线团合为一体。毛虫的四周于是就有了一堵半是丝线半是树叶的围墙，足以

抵御恶劣天气[266]。

人们或许会以为最初的入住者会寸步不让地保卫如此精心构筑的住处。事实并非如此。当法布尔从一根树枝上提取一群毛虫，把它们移到一个已经被占据的巢穴里时，新来者并不会因此受到同类的攻击。这些毛虫对"导致冲突的私有制一无所知"，它们似乎是在诸如"一切共有"或"人人为我，我为人人"这类口号指引下一起生活，实行着"一种彻底的共产主义"。于是，对一种鳞翅目昆虫幼虫社会行为的研究就带上了政治哲学的色彩。法布尔从一开始就采取了一种经验主义态度。他听说一些"头脑粗疏、空想多过逻辑的人"提议"把共产主义作为疗愈人类困难的良药"。但法布尔指出，松毛虫之所以可以实行共产主义，因为它们"生活无忧"，一根松针就能满足毛虫的胃口，而且它们"完全没有家庭的概念"[267]。而生儿育女会让母亲首先想到自己的后代。总之，在法布尔看来，没有私有制，没有家庭，没有性爱，松毛虫之间形成了一种统一和均等的状况，而要把这些照搬到人类身上，既不可能也不会令人期待。

法布尔和达尔文对昆虫界的观察都表现出对政治的关注。两人相互欣赏，但他们之间仍有着显著的差别。法布尔曾观察过某种膜翅目昆虫，这种昆虫用另一种膜翅目昆虫开凿的地穴来储存自己幼虫的食物；从《物种起源》第一版起，法布尔的观察结果就受到了达尔文的信任和引用[268]。

两人之间有过一番措辞客套的通信。1871年，达尔文在《人类的由来》（*The Descent of Man*）中，转述了法布尔对两只雄性膜翅目昆虫争夺一只雌性的描述，并称赞法布尔是"独一无二的观察者[269]"。

另一方面，《昆虫记》的作者则表示，对达尔文身上"贵族的性格"和"学者的真纯"充满"深深的敬意"，并称他为"深刻的观察者"[270]。不过，法布尔明确表示："我所观察到的事实并不能让我赞同他的理论[271]。"他们在考察螳螂交配过程中同类相食的原因时，观点是接近的。法布尔认为这是古生代石炭纪遗留下来的特征[272]。但是有关动物行为发展变化的设想，并不意味着他认同达尔文的遗传变异理论，因为这种设想也可以匹配与达尔文理论完全无关的分阶段创世的观念[273]。

即使在当时，法布尔的反进化论思想也不是主流。其他作者，比如无政府主义地理学家皮埃尔·克鲁泡特金（Pierre Kropotkine）和之前提到的比利时诗人梅特林克，都更加欢迎达尔文的理论。

尽管梅特林克并不完全信服进化理论，但他认为没有更好的理论时，与其没有理论，不如先接受已有的这个[274]。而克鲁泡特金则是更为坚定的进化论支持者，他崇拜达尔文，同时试图对他的理论进行补充。他在《互助论：进化的一个要素》（*L'Entr'aide，un facteur de l'évolution*）中细数了从中世纪的公社到后来的工人联合会所展现出的合作的好处，在此之前，他用开头的两章探讨了"动物中的互助现象"。其中有十几页就涉及社会化的昆虫[275]。

蜜蜂从独居的生活方式——绝大多数种类的蜜蜂依然如此——逐渐过渡到群居于蜂巢中这种令人叹为观止的生活方式，是它们进化过程中意义最为重大的现象。梅特林克把这一进化过程和人类的进化相提并论。在他看来，两者都是在迈向更大规模

的组织形式，随之而来的结果是个体获得更多安全感，同时失去
独立性[276]。

　　无论是昆虫社会还是人类社会，都存在个体欲望和集体安
全的矛盾，这种矛盾被纳入精神分析的理论框架中。《瑞士医学
科学史杂志》（*Gesnerus*）近期发表了雷米·阿穆鲁（Remy
Amouroux）的文章[277]，该文发掘并分析了某位名叫德尔夫斯·
布劳顿（Delves Broughton）的作者在 1927 年写给西格蒙德·弗
洛伊德（Sigmund Freud）的信。这封信同年就由玛丽·波拿巴
（Marie Bonaparte）翻译为法文，发表在《法国精神分析杂志》
（*Revue française de psychanalyse*）上（随后一年被译为德文，发
表在《Imago》杂志上）。这封信的作者根据他从梅特林克的《蜜
蜂的生活》和《白蚁的生活》中获取的信息，提出一个假设：蜂
巢或蚁穴的组织运行依靠的是心灵的升华机制，这些机制让工蜂
或工蚁接受一种无性的、有利于集体的生活。为了支持自己的这
种假设，信的作者还借用了不少其他精神分析的术语（力比多、
原始群、肛欲期、退行、认同……）。

　　亨利·柏格森（Henri Bergson）通过完全不同的概念体系，
强调了昆虫进化和人类进化间的差别。从 1907 年起，他就在
《创造进化论》（*L'évolution créatrice*）中提及这一问题。大家都
知道柏格森是一位推崇内省与直觉的哲学家。在他身上有种对神
秘主义的敬畏，因此有人会以为他不相信科学。其实近来的历史
研究已经表明，柏格森不仅致力于在文化中赋予科学争论一席之
地，而且他本人的哲学也关注科学，尤其是生命科学[278]。

　　《创造进化论》中有关昆虫的论述表明，柏格森通过阅读第
一手的科学著作积累了扎实的博物学知识。他的书里多次引用了

《昆虫记》有关掘土蜂的内容，这种黄蜂可以麻痹其他昆虫，然后将幼虫置于它们体内[279]。和梅特林克一样，柏格森与法布尔也存在观点上的细微差别，这种差别在柏格森那里更为明显。第一个不同恰恰是关于掘土蜂，柏格森指出其他作者观察到泥蜂也会杀死或麻醉毛虫[280]。而更重要的不同在于柏格森认为进化论作为理论框架适于思考生命史。在他看来，生命史上有两次重大的断裂，首先是植物和动物的分开，其次是动物内部节肢动物和脊椎动物的分裂。对柏格森而言，第一条进化线路通向本能，在膜翅目昆虫那里达到顶点；第二条线路通向智能，在人类那里达到顶峰[281]。若干年后，在 1911 年，柏格森在伯明翰大学有一个讲座，讲座内容于 1919 年收录在《精神力量》（*L'énergie spirituelle*）一书中。在这次讲座中，他重新提起个体与社会的关系：

　　社会唯有得到个体的服从才能存续，唯有让个体自行其是才能进步，这是两种相反的要求，必须得到调和。昆虫身上只满足第一条。蚂蚁和蜜蜂的社会拥有惊人的纪律性和统一性，但也仅止于一成不变的常规[282]。

柏格森对这一话题念念不忘，他在 1932 年出版的《道德和宗教的两个来源》（*Les Deux Sources de la morale et de la religion*）中，再次提到昆虫社会与人类社会的不同：

　　不应该强行加以类比：而应该注意到，动物进化有两条路线，膜翅目昆虫处在其中一条路线的顶端，而人类社会则处在另一路线的顶端，它们形成一种对称。前者的形态或许较为单调，而后者更加多元：因为前者服从的是本能，而后者遵从的是智能[283]。

因而我们可以肯定，正因为柏格森为社会性昆虫保留了一席之地，他才能够避开单一线性进化的迷思。

尽管柏格森主义享有盛誉，但认为动物的进化不仅朝着产生人类这一个方向，还有变成膜翅目昆虫的另一方向的观点在当时没能引起关注。相反，对以动物的社会性行为为研究对象的所谓社会生物学引起了广泛的探讨和争议[284]。社会生物学的反对者不同意将"社会"这个词用在动物身上。雅克·鲁埃朗（Jacques Ruelland）就提出，社会存在的前提只能是"构成社会的成员脑海中存在对社会的构想[285]"，他反对把同类动物表面上有组织的简单聚合称为社会。

动物社会？

类似的争论在研究和论述社会性昆虫的纷繁历史中随处可见。这条历史长河提醒我们，在这个问题上，没有什么是理所当然的。如何在思考人类融入生物界的同时不牺牲其独特性？换句话说，如何既避免人类中心主义，又不落入拟人修辞的陷阱？把"社会"一词用在昆虫身上难道不是再次向拟人修辞敞开大门？在评论古代昆虫学文本时使用"社会"的说法，难道不是把今人的想法套用在古人身上？对于这一点，我们可以说"社会"一词用于讨论昆虫问题古已有之。在雷米奥尔那里已经能看到[286]。在拉特雷耶笔下也能看到——他在 1798 年出版的《论法国蚂蚁的历史》有这样一段"开场白"：

> 所有昆虫中最有趣也最值得我们研究的是那些过着社会
> 化生活的昆虫。这种文明需要它们具备更多的能力、一种特
> 殊的技巧，这些在四处迁徙的昆虫身上是看不到的[287]。

把"文明"这个词用在昆虫身上是一种比喻，前面的"这
种"强调了这一点。"四处迁徙的昆虫"是那些不属于特定群落
城邦的昆虫。这依然是一种比喻的说法，需要读者发挥想象力。
有了这样的先例，我们就不会因为看到下面这句话而感到奇怪。
大革命时期，一位名叫多拉-库比埃（Dorat-Cubières）的作家在
一篇题为《蜜蜂或美好的政府》（*Les Abeilles，ou l'Heureux
Gouvernement*）的应景文章中写道："蜜蜂对我们而言就如云朵：
每个人都在它们身上看到他想看到的东西[288]。"

相反，一个世纪后，安德烈·拉朗德（André Lalande）的
《哲学的技术性和批判性词汇》（*Vocabulaire technique et critique
de la philosophie*）把社会定义为"个体的集合，并且个体之间存
在着有组织的关系和相互的服务"，社会的概念由此得到廓清。
在同一词条的解释中，拉朗德照搬了阿尔弗雷德·埃斯比纳斯
（Alfred Espinas）对不同类型动物社会所作的区分：营养型社会、
繁衍型社会或关系型社会[289]。拉朗德对埃斯比纳斯观点的借鉴，
其实是对作为生物学事实的社会现象采取了一种功能性而非拟人
化的看法。

同一时期，埃米尔·涂尔干（Emile Durkheim）写道："动物
或是完全生活在社会状态之外，或是形成简单的社会，这些社会

的运转依赖的是每个个体与生俱来的技能[290]。"

最近对哺乳动物和鸟类社会行为所作的研究，已经开始质疑这种所谓动物社会简单的说法。不过大家普遍觉得应该首先明确人类社会和动物社会的共同点，然后再找出它们的差异。这种做法的缺陷在于，它会导致人们无所顾忌地使用比喻。弗雷尔的做法就是如此。他在 1923 年出版了《蚂蚁的社会生活》（*Monde social des Fourmis*）这一鸿篇巨制，其中对精神病学和昆虫学、优生学和社会改良主义的融合，有许多过度发挥的地方[291]。1926年，法国自然历史博物馆教授欧仁-路易·布维耶（Eugène-Louis Bouvier）发表了一篇论文，题为《昆虫界的共产主义》（*Le Communisme chez les insectes*）。他在文中明确指出，"共产主义的昆虫"其实生活在"一种高度协调的无政府状态下，没有首领，没有向导，没有警察，也没有法律"[292]。1945 年，热奥·法瓦雷尔（Geo Favarel）发 表 了《昆 虫 界 的 民 主 与 独 裁》（*Démocraties et dictatures chez les Insectes*）。作者曾是殖民地的总督，他在文中对比了白蚁群内的独裁专政、野蜜蜂群"狂热、贪婪的民族主义"和"蚂蚁共和国""忠诚、健全、令人信赖的组织形式"[293]。

在埃米尔·本维尼斯特（Emile Benveniste）笔下，我们重新发现了那种既想保持人类社会特殊性，又想将它归于更广泛的动物社会的愿望。问题在于是否应该把语言这个概念当作人类以外其他动物都不具有的东西[294]。蜜蜂的交际系统便成为一个可能的反例。本维尼斯特在概述卡尔·冯·弗里希对蜜蜂所作的研究时，特别提到了蜜蜂在"发现收获物"返回蜂巢时的行为。他描述了蜜蜂如何通过舞蹈向同伴指出蜜源的位置。本维尼斯特依据前述奥地利昆虫学家的研究，区分了圆圈舞蹈和 8 字舞蹈，前者表明蜜源很近，后者表明蜜源较远；他还解释了蜜蜂的舞蹈动作频率如何根据距离远近发生变化，8 字的轴线与太阳的关系如何指出方向。本维尼斯特总结道：

> 蜜蜂表现出具有生产和理解包含许多数据的真正信息的能力（……）。首要值得注意的是，它们表现出使用象征手段的能力：在它们的行为和行为所表达的数据之间明显存在"约定俗成的"对应关系[295]。

不过，本维尼斯特紧接着就明确指出："所有这些观察也表明，蜜蜂身上发现的交流方式和我们的语言之间有着本质上的差别。"本维尼斯特提出，蜜蜂仅仅有"一套信号规则"，他强调这种规则不同于人类语言，无法分解为自身可以继续分解的元素。

即便蜜蜂的舞蹈最终不具备一门语言的所有特征，但在语言学家本维尼斯特眼中，这种交流手段仍表明蜜蜂是一种"以社会形式生活的"昆虫。

第五章
个体本能与集体智慧

　　在《资本论》(*Le Capital*) 中，卡尔·马克思 (Karl Marx) 为了界定人类劳动，将它与蜘蛛和蜜蜂的活动进行了对比。蜘蛛"的活动与织工的活动相似"，蜜蜂"建筑蜂房的本领"比许多建筑师还要高明。不过，在马克思看来，人类活动比它们都要高级，因为人类首先经过思考然后才付诸行动：

　　　　但是，最蹩脚的建筑师从一开始就比最灵巧的蜜蜂高明的地方，是他在用蜂蜡建筑蜂房以前，已经在自己的头脑中把它建成了。劳动过程结束时得到的结果，在这个过程开始时就已经在劳动者的表象中存在着，即已经观念地存在着。他不仅使自然物发生形式变化，同时他还在自然物中实现自己的目的，这个目的是他所知道的，是作为规律决定着他的活动的方式和方法的，他必须使他的意志服从这个目的[296]。

马克思将蜘蛛和蜜蜂联系在一起，但我们知道，在节肢动物门中，它们属于不同的类别：蜘蛛属于蛛形动物，不属于昆虫；而蜜蜂不管是独居或是群居，都可以组成家庭，属于昆虫中的膜翅目。蜘蛛和蜜蜂不仅类别不同，象征意义也有差别。马克思的表述令人想起弗朗西斯·培根（Francis Bacon）在《新工具》（*Novum Organum*）（1620）中编号为95的那条格言。这位英国哲学家把哲学形象地比作蜜蜂的活动，先要从"花园和田野的花中"获取自己的原料，然后再"加工和吸收"。这种转化活动与蜘蛛的活动不同，因为蜘蛛是"用自身产生的物质"来织网；它与"经验论者"的态度也不同，经验论者像蚂蚁一样，满足于收集和使用它们找到的东西。

蜘蛛和它的网

并不是所有的蜘蛛都会织网，也不是所有会结网的蜘蛛都能造出几何形状、极其工整的网。20世纪60年代，一位名叫彼得·威特（Peter Witt）的药理学家通过研究发现，当蜘蛛接触咖啡因、酒精或是其他药物时[297]，蛛网形状的规则性会受到干扰。但恰恰是蜘蛛自身分泌物造就的脆弱结构，催生出大量的奇幻想象与故事。

古希腊、古罗马留下的有关蜘蛛的传说中，最著名的或许是奥维德（Ovide）《变形记》（*Métamorphoses*）第六卷中讲述的这则故事：凡间女子阿拉克涅（Arachné）自诩比女神雅典娜（Athéna）更善于纺织，雅典娜听说后一怒之下将阿拉克涅变成了蜘蛛[298]。

《昆虫神学》（*Théologie des insectes*）的作者弗里德里希·克里斯蒂安·莱瑟（Friedrich Christian Lesser）从另一个角度谈论蜘蛛。当时蜘蛛还被当作昆虫，无怪乎这本 1742 年译成法文的著作会提到它。该书反复强调，蛛网的几何规则性证明了一位伟大几何学家（即造物主）的存在。

一个世纪后，法布尔也试图依据蛛网的规律性来证明造物主的存在。《昆虫记》第九卷中，好几章都谈论了欧洲常见的一类蜘蛛——圆蛛。其中第十章谈到它如何织网。法布尔确信，"圆蛛的结网路线"是"一条画在对数螺线上的多边形线路"[299]。法布尔对此没有作过多的阐释，只是说这种线路类似菊石和鹦鹉螺上的曲线。平面上画出的多边形螺线中每个螺旋线圈的间距会均匀扩大。相反，蛛网上外圈的螺线圈之间似乎是等距的，只有中心附近的螺线圈具有多边形结构。几何学史上，人们认为是阿基米德发现了等距离螺线圈的螺线，而雅各布·伯努利（Jacques Bernoulli）则发现了对数螺线[300]。

但法布尔的目的是要让读者注意到，数学家需要用复杂的公式来描述的结构，在蜘蛛那里很自然地就能实现。《昆虫记》的第十章最后几行清楚地表明了他的形而上学意图："这种包罗万象的几何学告诉我们，存在一位无所不能的几何学家[301]。"

不管法布尔隐藏着怎样的神学设想，他对数学有着实实在在的兴趣。他热衷于从自然中发现数学的算式和图形[302]。这一点令人想起《昆虫记》的某些内容，以及达西·汤普森的著作《生长和形态》。后者在他的结论中赞扬了"能言善辩的老前辈"，认为他是一位"伟大的博物学家"，兼具"古代智慧"和"现代知识"，也认为他继承了毕达哥拉斯（Pythagore）和柏拉图的传统，把数字看作"开启宇宙苍穹的钥匙"[303]。不过，达西·汤普森只是将自己的哲学理念套用在法布尔的身上，其实他们的差别很大，最明显之处是他们对蜜蜂蜂房形态有着截然相反的观点。

蜜蜂与它们的蜂房

驯化的蜜蜂会建造蜂房来安置幼虫或储存蜂蜜，而且它们建造的蜂房具有典型的几何形态，这在数学和生物学历史上引起了大量的研究和争论[304]。

规律的蜂房是六边形。我们知道六边形和正方形或等边三角形一样，可以规则地在平面上延展，严格来说，同样的这些图形相互连接覆盖同一平面时，图形之间不会留有间隙。我们也知道同等周长条件下，六边形围出的面积比正方形或等边三角形的更大。

由此可以得出，同等容积下，六边形蜂房能够节省建造其壁板所需的蜂蜡。西方古代末期几位大几何学家之一帕普斯（Pappus d'Alexandre）在他的《数学丛书》（Collection Mathématique）第五卷前言中强调了这一点[305]。15 个世纪后，植物学家和神学家约翰·雷（John Ray）为了证明神的智慧，特意引用了帕普斯的证明[306]。蜂巢令人瞩目的不仅是几何的形态，还有其大小的稳定性。当科学界感到需要一个统一的度量衡系统时，雷奥米尔提出把单个蜂房作为标准。他很遗憾古人没有提出这一想法，因为他认为蜜蜂"当下造的蜂巢不会比古希腊或罗马鼎盛时的蜜蜂所造的蜂巢更大或更小"。他还补充说："正如斯瓦默丹告诉我们的，麦基洗德·泰弗诺（Melchisédech Thevenot）也想到从蜜蜂蜂房中找到一个固定的标准。"[307] 这位泰弗诺是 17 世纪法国的外交官和旅行家，以博学和爱好科学而著称。近期有一篇文章细致分析了他对度量衡学的看法[308]。

此外，蜂巢的内部也需要修建。在一块巢脾的两边，一间间巢室首尾相连，彼此之间共用一块隔板。观察表明，每间巢室的内部都是由三个菱形组成的棱锥，每间巢室和相邻的、开口朝向另一侧的三间巢室共享这个棱锥的一个面。菱形各个角的度数决定了蜂巢内部棱锥的尖锐程度。

任职于巴黎天文台的意大利裔天文学家贾科莫·菲利普·马拉尔迪（Giacomo Filippo Maraldi）对蜂巢内部进行了测量，并于 1712 年在皇家科学院汇报了"有关蜜蜂的观察结果"。他在汇报中指出，蜂巢菱形面的两个锐角为 70 度，相应的两个钝角为 110 度[309]。

后来，雷奥米尔和年轻的德国数学家塞缪尔·柯尼希（Samuel Koenig）相遇，使这些数字的重要性再次得到凸显。柯尼希在自己的《瑞士日记》（*Journal Hélvetique*）（1740 年 4 月）中，讲述了这次经历：

杜·夏特莱夫人（Mme du Châtelet）、德·伏尔泰先生还有我，几天前在沙朗通拜访了德·雷奥米尔先生。这位高明的物理学家向我们展示了一个人造的蜂巢，他以此来窥探蜜蜂共和国的奥秘。他即将发表有关这种动物群体组织的研究结果，不论是鸿儒还是白丁都会惊讶于这一令人赞叹的成绩。那天的谈话让我们对蜂巢的规则性赞叹不已，就是在那些微小的六边形巢室里，蜜蜂储存食物，养育幼虫；德·雷奥米尔先生趁机给我出了一个不算太难但颇为古怪的题目，**"蜜蜂是否是用最完美、最符合几何规则的方式建造自己的蜂巢，它是否是从所有可能的形状中，选择了空间最大、耗材尽可能最少的形状来构筑巢室"**。[310]

这一叙事场景似乎还原了某个历史事件：一位法国大文豪和一位迷人而博学的女文人共同去拜访《昆虫史论文集》的作者，而随同前往的叙述者得到了一个求最优解的题目。柯尼希在后续文字中刻意要保持叙述的通俗，因此没有详细给出自己的解题过程。他仅仅告诉读者，"用求极大和极小值的方法"解决这一问题，得出的结果是蜂巢菱形的钝角度数为 109 度 26 分，锐角度数为 70 度 34 分。柯尼希特别指出，观察到的角度和计算出的角度几乎分毫不差，对新的数学方法显然一无所知的昆虫，竟然"掌握了自己一窍不通的运算结果"[311]，这不能不让他感到惊奇。柯尼希毫不犹豫地得出这样的结论："这一杰作的背后，是某个更高超、聪明的几何学家[312]。"他认为这个例子证明了莱布尼茨（Leibniz）的一个"判断"，即"考虑终极原因"，"不足以让人了解效果的由来"，它只构成"某种发现的原则，这个原则可以确保我们弄清楚，每当自然遇有更短、更少、更好的情况时会怎样行动"[313]。

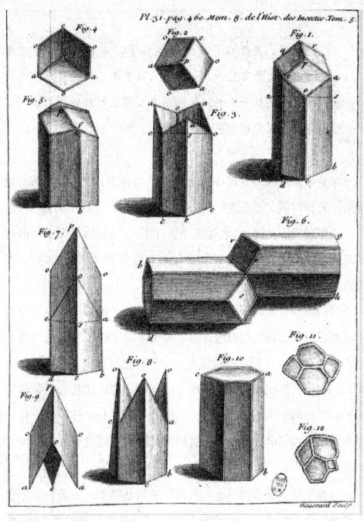

《蜂房》（*Alvéoles des Abeilles*），雷奥米尔，1740。
雷奥米尔对蜂房构造所作的几何分析。

丰特奈尔是当时科学院的常任秘书，负责汇报柯尼希的工作成果；他的总结诙谐幽默，并在其中穿插了人类理性层面更为高级的思想：

> 但最终，蜜蜂或许知道的太多了，盛名之下，其实难副，蜜蜂不过是盲目听从一种无限智慧的指挥在行动，这种高级智慧没有赋予它们任何可以自行增长和加强的智能，这恰恰是我们人类理智值得自豪的地方[314]。

丰特奈尔从这一发现中得出的重要教益是："终极原因、最优解、最短时间、最短路程等定律"，只有能"导出合理猜想，然后再经过验证"时，"才对物理学有用"。他指出，像蜜蜂的行动遵循经济原则这样的定律，在使用时也必须"精打细算"，不可滥用。

目的论具有我们今天所谓启发性而非论证性的价值，丰特奈尔对此已经提出评判的思考。由此他也肯定了蜂巢引起的争论具有哲学意义。50 年后，弗朗索瓦·于贝尔也注意到，这个问题为探讨终极原因提供了有利的场所，他强调了蜜蜂建筑的问题具有情感和智能两个维度："蜂巢所体现出的秩序和对称，似乎自然而然地成为人们研究的对象，这些研究同时可以满足人心和知识的需要[315]。"

尽管于贝尔赞赏柯尼希、马拉尔迪以及其他人的努力，但仍不能确定他们的成果是否严格适用于"对这些昆虫的研究"。而最令他感到遗憾的是，人们假定蜜蜂遵循一种严格的经济原则，其实是以"略显狭隘的眼光[316]"看待自然。他发现"现代几何学家"对于蜂巢节约蜂蜡的事实仅给了一个次要的地位，他们乐于如此是因为节约这种概念更契合"对自然创造者持有的自由主义观点"。

于贝尔并不赞成把上帝想象成一位节约零星蜂蜡的神明，但不能就此认为他拒绝相信神意和天命。他的批评还远没有达到布丰的程度。1753 年，布丰发表了《论动物的习性》；后来他在《自然史》第四卷的导言又加入这篇文章，作为抨击雷奥米尔的武器。这里不仅涉及两位学者的对立，还触及科学的世俗化问题。从这篇文章开始，布丰就发展出了他对前述问题的批评意见。

在他看来，蜜蜂的社会生活及共同活动完全源于"造物主制定的普遍机制和运动规律[317]"。他没有把上帝完全清除出科学的领域，但只是把他当作机械论模型合理性的依据。在昆虫的建造行为背后，不存在任何神意或动物自己的意图。布丰要我们想象这样一种情况：有一万个一模一样的"自动装置"，在一个"给定的有限空间里"运动；然后赋予每个"自动装置""感知自我存在"[318]的能力；哪怕这种能力极其弱小，这一万个个体也将创造出规则且比例适合的行动结果，而这仅仅是因为每个个体都会尽量以对自身而言最方便，同时对他者干扰最小的方式自处。

这样的力学模拟其实只是一种思想实验，在当时完全不可能付诸实施。布丰担心自己不够令人信服，于是针对同一主题继续说道：

我还要多说一点：这些蜜蜂的巢室，这些广受赞誉、备受青睐的六边形结构，于我而言不过是又一个用来反对狂热和盲信的证据：蜂巢巢房的形状，尽管呈现出几何的规律性，并得到了理论的证实，但它不过是一种力学运动的结果，这种结果并不算完美，而且在自然界中经常出现，甚至在最原始的自然物上也能找到：水晶和许多其他种类的石头，某些盐类等，常常在构造中呈现这种形状[319]。

布丰再次借助想象力，他请读者想象一个装满了豌豆或其他圆柱形种子的容器，在里面倒上水，然后密封蒸煮。按照布丰的说法，容器中的豆子或种子就会变为"六棱柱"。而这"完全可以用力学原理"来解释。种子会变成六边形是因为"它们之间相互挤压"。同样道理，每只蜜蜂都试图"在给定空间里占据尽可能多的地方"，所以蜂巢的巢室只能是六边形，这"与相互阻碍是同样的原理"。

布丰的这一机械论解释所设想的实验很难实现，结果也并不确定。而最主要的反对意见在于蜜蜂并没有像种子那样被密闭在容器中，它们是活动的，它们的行为发挥着决定性作用。

《物种起源》提出了另一种思路[320]。达尔文也没有被蜜蜂的杰作所迷惑。他的论述表达了要科学解释这些现象的意愿，如果不是这样，他说话的语气几乎让人以为他是在讨论自然神学。达尔文认为这是一个逐渐进化的过程：最开始，雄蜂将蜂蜜储存到蜂蛹曾经的蛹壳里，再用"蜂蜡制成的短管"将其中的空隙填满；后来才有了驯化的蜜蜂和具有惊人规则形态的蜂巢。为了证明圆柱状巢室可以逐渐进化为六边形，达尔文请读者发挥他们的空间想象力，设想有大量同样大小的球体分布在两个层面，并且两层球体的中心距离相当于球体半径乘以$\sqrt{2}$。他接着断言"这两个层面上不同球体之间如果形成交叉的平面，就会产生双层的六棱柱，不同的棱柱之间通过三个菱形组成的锥体底面连接在一起"。达尔文还说每个角都是同样大小，"就像蜜蜂巢室那样毫厘不差"[321]。

在这方面，墨西哥蜂（*Melipona domestica*）的圆柱形蜂巢可以看作是进化的中间阶段。达尔文能够由此设想出墨西哥蜂经历了怎样的本能改变才能建造出和蜜蜂相似的蜂巢结构。

达尔文对蜜蜂建造蜂巢的整个研究，都是基于他自己和其他博物学家的观察所得。他还报告了自己所做的实验，比如给蜜蜂染上红色的蜂蜡，以便观察它们是按照怎样的顺序建造巢室。他感谢众多博物学家给出的建议，其中就包括威廉·H. 米勒（William H. Miller），这位晶体专家、剑桥的教授在几何学方法上指导过达尔文，甚至还向他展示过卡纸上裁剪十二面体的模板[322]。

达尔文的研究引起了法布尔的激烈回应。《昆虫记》的作者较少研究蜜蜂和蚂蚁，比起那些以千万计群居在一起的昆虫，他显然更偏爱独居或家庭群体较小的种类[323]。在法布尔身上，比起单纯的主观偏好或是对大规模群体表现出政治上的怀疑，更值得我们注意的是，他的作品对社会性昆虫的探讨，集中于它们的几何营建；尽管没有对布丰和达尔文指名道姓，但法布尔概括了他们各自的研究路径，并强调指出他认为这些成果的不足之处。

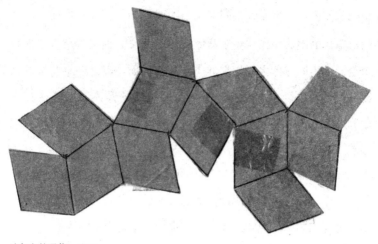

达尔文的通信，1858。
威廉·米勒的晶体模型在几何学方法上给予了达尔文指导，并为他展示了卡纸上裁剪十二面体的模板。

　　法布尔没有像达希·汤普森那样，在回顾不同学说的同时，表明自己赞成对蜂巢形态生成的物理学解释；法布尔提出存在着一种世界的秩序，在他看来，这种秩序代表了某种至高无上的智慧。类似这样从科学理论转向神学阐释的做法，还出现在许多学者对本能的探讨中。

神明启示还是自然选择？

　　之前在谈到蜘蛛网时提到过《昆虫神学》的作者弗里德里希·克里斯蒂安·莱瑟。《圣经》中有一位巧匠叫比撒列（Beçaléel），他领导了修建圣幕的工程[324]；莱瑟很自然地把昆虫的本能和比撒列的才干相提并论："可以毫不夸张地说，上帝对昆虫所做的，就如同他之前对比撒列所做的一样[325]。"莱瑟用这样的类比想强调，昆虫在营造上的成就并不归功于它们自身，而是得益于造物主赋予它们的技巧和知识。这种神学阐释引入了神意这一超自然的因素，因此从科学的角度来说是站不住脚的。但仅仅认识到这一点还不足以确定科学层面上本能这个词的定义[326]。

尽管《物种起源》的作者也遗憾没能界定本能一词，但是他把人类需要通过经验和学习才能完成，而一个动物，特别是幼年且毫无经验的动物直接就能完成的行动称为"本能的"行为。还有一种情况，当许多个体按照相同方式完成某个行为，并且这些个体对该行为要达成的目的一无所知，这样的行为也可以被称为"本能的"行为[327]。为了使这一描述更为完整，达尔文特别强调了"本能"与"习惯"之间的相近与不同之处："如果我们假定某个习惯性动作是遗传得来的——我想这样的情况时有发生，可以得到证明——习惯和本能就会变得极为近似而难以区分[328]。"

为了说明本能与习惯间的相似之处，作者假想了一个例子：如果莫扎特（Mozart）"没有从 3 岁开始演奏老式钢琴，也没有经过什么训练，就能毫不费力地弹出一首曲子，我们就可以说他做这些凭借的是本能[329]"。本能在个体身上，可以表现为一种未经学习的行为，而它也可以针对一个物种，表现为这个物种的共同行为。达尔文认为"本能有可能发生细微的改变"；在这方面，自然选择可以对它产生影响，就像会对解剖结构产生影响一样。这就意味着需要"有大量、有利变异的长期、逐渐的积累"。所以不能认为蜜蜂、蚂蚁的超常本能仅仅是在一个世代的时间里获得的。这一补充说明暗中针对的是拉马克，达尔文在章节末尾专门提到了他；因为拉马克认为，如果工蜂的灵巧技能来自遗传，这显然与它们不能生育的事实相矛盾。达尔文对这一反对意见不以为然，他认为如果某个蜂群的蜂王能生育灵巧的工蜂，这个蜂群在自然选择中会更有优势。

归根结底，习惯和本能的关系就如同运用、弃用和解剖学的关系。两种关系中都能找到拉马克的影响——这种影响同样是有限的。两种关系同样会产生不同的形式。自然选择在其中同样要发挥作用。自然在对偶然的变异进行选择时，会决定保留怎样的习惯和官能的用途；在自然选择过程中，共同的未知因素导致了解剖和本能方面出现变化。

达尔文出于谨慎，没有回应自然神学设想为神明启示或法布尔称为"野兽之灵[330]"（le génie de la bête）的东西。但这些说法无不显示处本能独特且个性化的特征。对此，20 世纪兴起的潮流中可以找到一种新的表述：本能存在于物种内每个成员身上，它确保社会群体和谐一致，群体和个体间的关系，就像多细胞机体和其组成细胞间的关系。这样的类比在 20 世纪 20 年代的众多著作中比比皆是。

个体（individus）与超个体（superorganisme）

南非诗人、博物学家欧仁·马莱（Eugène Marais）努力想"证明白蚁和人类一样，也是一种有多种本能的动物"，唯一缺少的就是"自我驱动的能力"[331]。尽管他的作品没有进入梅特林克的参考书目，但是他把蜜蜂、蚂蚁或白蚁看作是同等生灵的观点还是出现在了梅特林克《白蚁的生活》中[332]。在同一时期，美国昆虫学家威廉·莫顿·惠勒——就是之前提到的、发现雷奥米尔一份手稿的那位昆虫学家——使用了"超个体[333]"这一表述。他在 1926 年关于昆虫的社群有如下论述：

> 不同昆虫组成的社群当然是各不相同的实体，就像后生动物或后生植物一样，它们各有各的限度、规模、结构和个体发生规律，各自都有明确的界定，并包含了相互依赖的多态性元素。所以这些社群可以称之为**超个体**，它们构成了介于独立后生动物和人类社会之间一种意义丰富的中间状态[334]。

爱德华·威尔逊也使用过超个体这一概念[335]。他在描述一个巨首芭切叶蚁（*Atta cephalotes*）蚁群时解释道，蚁后完全没在发号施令，群体生活的蓝图就印刻在工蚁的脑海中，互不相干的生活程序协调一致，构成一个平衡的整体。他明确指出："每只蚂蚁自动地完成某些任务，并根据自己的年龄和体型而免于承担其他任务[336]。"威尔逊最后补充说："超个体的大脑就是整个社群；工蚁**大致上**等同于神经细胞。"

除了这种类比，威尔逊的文章还提供了一种机械论的观点；这种机械论的观点正好也解释了文章的标题：《亚马逊切叶蚁钟表般规律的生活》（*Clockwork Lives of the Amazonian Leafcutter Army*）。

正因为把昆虫社群比作超个体，昆虫社群就可以被设想成为演员而不仅仅是上演一幕幕生活过程的剧场。尽管超个体理论更加清晰明了，但事实并不完全像它设想的那样。1974 年，雷米·沙文（Rémy Chauvin）在《交流》（*Communication*）杂志上发表了一篇综述文章，针对这一理论写道："尽管我花了很大力气想要证明这一理论是可信的，但我不得不承认这一理论并不总是令人满意[337]。"

关于白蚁的行为，又有人提出了一个"共识主动性"的概念，这个概念更复杂，但事实证明也更易于使用。

白蚁等社会性昆虫如何调节它们的营建活动，这的确是个现实问题。共识主动性（法文单词 stigmergie 来自古希腊文 *ergon*——"工作"和 *stigma*——"刺痛"）理论对这一问题的回答，把昆虫的个体特征和表现出的集体协作结合在了一起。按照这一理论，存在某种间接的交际过程在调控一只白蚁的建造活动，这一过程需要借助信息素参与其中[338]。昆虫个体间的交流就依靠信息素这一类化学物质，有点像有机体内部的交流需要依靠荷尔蒙。在正在建造或整修的蚁穴中，一只白蚁放下一块土团；土团上附着的信息素就会刺激第二只白蚁将第二块土团放在第一块的上面，而不是随便乱放。这样一来，土团层层累加，就慢慢变成了蚁穴的一根支柱。共识主动性的概念是法国博物学家皮埃尔-保罗·格拉塞（Pierre-Paul Grassé）提出的。他在 1959 发表的"大白蚁和家白蚁的巢穴重建和个体间协作：共识主动性理论——试析筑巢白蚁的行为"（La reconstruction du nid et les coordinations interindividuelles chez *Bellicositermes natalensi* et *Cubitermes* sp. : la théorie de la stigmergie. Essai d'interprétation des Termites constructeurs）中写道："协作和建造过程中的调度并不直接依赖工蚁，而是依赖工程本身。并不是工蚁在引导工程，而是工程在指挥工蚁[339]。"

共识主动性理论并不单单适用于白蚁。许多学者认为这是一种根本性的过程，可以用来解释社会性昆虫身上存在的矛盾：为什么个体行为如此简单的动物可以表现出高度发达的集体行为？这个问题不仅体现在建造巢穴上，也同样体现在探寻道路方面。让-路易·德纽堡（Jean-Louis Deneubourg）和他的团队在布鲁塞尔完成了一项著名的实验。关于这次实验，埃里克·博纳博（Eric Bonabeau）和居伊·特罗拉兹（Guy Theraulaz）在《捍卫科学》（*Pour la Science*）一书中作了如下概括：

（……）阿根廷蚁（*linepithema humile*）和食物之间有两条路，其中一条的长度是另一条的两倍；它们用了几分钟时间选择了最短的那条路。它们是怎么做到的呢？蚂蚁会选取某种信息素标记过的道路，并且边走边在身后留下这种信息素。最早从食物源头回到巢穴的蚂蚁经过的道路是最短的，这条道路就被信息素标记了两次，因此比起另一条更长且只有一次标记的道路更能吸引其他蚂蚁[340]。

按照相同的思路，黛柏拉·M. 戈登（Deborah M. Gordon）研究了蚂蚁如何根据任务类型（收获、照顾幼虫、营建和维护蚁穴[341]）进行分工。承担不同任务的工蚁数量相互关联，并且每一天甚至每个小时都根据需要而发生变动。一只蚂蚁是否能入选某一项工作，不仅取决于它的年龄或基因型，也受到它与其他蚂蚁相遇情况的影响。就像之前白蚁构筑或修缮蚁穴的例子，这在某种意义上涉及一种集体智慧，或是像有些作者说的，涉及一种**虫**

群智慧，英文表述为 *swarm intelligence*[342]。

基本的个体反应按照特定的方式就能发展出集体的智能行为。这种方式催生出一种仿生建模的想法，即用小型机器人来模仿蚂蚁[343]。这会让人联想到布丰和他所设想的一万个"机器人"，这些"机器人"要像蜜蜂那样建造出规则且匀称的工程成果。只不过，布丰的想象如今变成了实验中的现实，这不啻于天壤之别。

制造并使用这样的机器人开启了一段去自然化过程，并且，随着信息技术的进步，最终出现了虚拟蚂蚁。

这项发明帮助我们处理了一个 19 世纪中叶就提出的问题。其内容和简要历史可以在美国数学家乔治·丹齐格（Georges Dantzig）1954 年发表的一篇文章中找到。这是一道经典的最优化问题：旅行推销员必须经过若干城市，并且每座城市只能经过一次，他要如何设计行走路径？马可·多里戈（Marco Dorigo）及其同事通过计算机模拟蚂蚁的行为来解决这个问题。他们在城市网络中随机释放"独立的虚拟蚂蚁"，这些蚂蚁会在城市间的连接线路上留下同样虚拟的信息素。类似的过程多次重复后，就像《捍卫科学》中说的那样，随着实验的进行，"人工蚂蚁的路径不断缩减，最终，首尾相接的连接线路构成了总体最短的路径[344]"。

人工智能专家把这种办法称为"蚁群算法"（algorithmes de colonies de fourmis）；旅行推销员问题不是它所能处理的唯一问题。群居的昆虫还被用来解决设计路线、分配、物流等许多其他问题。之后出现了一些艰深的、标题出人意料的研究，比如"用蚁群算法得出多层背包问题的最优解[345]"。借用昆虫来解决问题主要出现在仿真领域，所以一些昆虫学家或许会认为，这更像是昆虫学对信息科学的促进，而不代表昆虫学自身的发展。应当注意的是，类似的问题本质上是在寻找**最优解**。在柯尼希和丰特奈尔时代即是如此，他们主张在研究蜂房时适当地使用目的因概念。时至今日，**情况虽略有改变**，但仍大致相同。既承认模拟类比相似性对于开拓思路具有的启发性作用，又不急于从中得出形而上学或道德上的结论，这或许是我们从相关领域研究中能得到的教益之一。

戈登在《自然》（*Nature*）杂志上发表过一篇题为"无等级控制"（Contrôle sans hiérarchie）的文章，她在结论中这样写道：

> 各种形式的生命都是无序，惊人且复杂的。与其寻找最高效率，或是为别处观察到的过程寻找新的例证，我们更应该思考的是：每一种系统如何尽可能在大多数时间里保持正常运转，从而使胚胎变成我们后来看到的机体，让大脑学习并记忆，最终让蚂蚁遍布整个地球[346]。

生物学家亨利·阿特朗（Henri Atlan）十分关注科学的哲学意义，他对自动组织过程的建模研究蜚声海内外。他的近著《后基因生物或什么是自动组织?》（*Le Vivant post-génomique ou Qu'est-ce que l'auto-organisation ?*）表达了相同的意愿；他也想确定，通过模拟昆虫社会形成的自动组织，在怎样的条件下可以有丰富的用途。阿特朗在这部著作中提到了群居昆虫具有的"集体'智慧'行为"，比如建造"有时结构极其复杂的蜂巢与蚁穴"。他指出，"昆虫群体的智慧是一种集体智慧，是从简单个体组成的群体中产生的"，他又进一步表示："所以（……）把这些集体行为挪用到人类社会时，必须要批判地分析和个体行为有关的前提假设[347]。"

就像亨利·阿特朗指出的，并非所有人类行为都适于这种分析，因为许多个体行为"既不简单，也不是毫无意义"，但是这种分析模式适用于"集体性的人类现象，像是道路交通或是人群的运动"[348]。

所以，拓展这样的分析模式也可以看作是人类从概念上对昆虫加以利用，尽管会有人怀疑这是种滥用拟人修辞的做法。

第六章
斗争与联盟

　　"要是蚊子和其他那些丑恶的寄生虫能言善辩，"它们或许会一致赞同，"人类被创造出来，就是为了用自己的血来供养它们。"这句风趣的话出自埃米尔·布朗夏尔笔下，堪称一则哲学寓言的雏形。这则寓言恰好能够动摇人们把昆虫简单分为益虫和害虫的错误观念。但是布朗夏尔很快就舍弃了这种大胆的虚构言辞，重新操起了人们印象中 19 世纪昆虫学著作应有的话语。他认为人类有捍卫自身的权利，"有必要"想方设法消灭"那些攻击他的动物"，保护自己的收成[349]。他强调说，人类有一个简单的方法来进行这场斗争，这种方法就是"了解自己的敌人"。换句话说，昆虫学成为一类具有战略意义的知识。他把益虫定义为"可以杀死害虫"或能为我们提供染色物、药物，当然还有蜜和丝之类"产品"的种群。布朗夏尔之后又过了一个世纪，昆虫学专业知识具备了有时令人意想不到的社会功用。比如法医昆虫学可以根据一具尸体中先后出现的昆虫种类来判定死亡时间[350]。

蜜、蜡与丝

在科学时代来临前，人们通常认为药物带来的苦楚与治疗的效果有关，所谓"苦口者利于身"，加斯东·巴什拉（Gaston Bachelard）就用这句话来概括这一关系[351]。但在常人的眼中，蜂蜜既是良药又称得上是美食，这显然是个矛盾体。

矛盾体的说法也适用于蜂蜡。同样是蜜蜂的产物，它可以有各种形态。笛卡尔为了解释和论证用广延性来定义物质的做法，举了"刚刚从蜂巢中取出的一块蜂蜡"之例；这样的蜂蜡"尚未失去其中蜜的甘甜"，又"保留着源头花朵的一点芬芳"[352]。一旦靠近火，这块蜂蜡就开始融化，其视觉、嗅觉和味觉性质也开始改变。笛卡尔总结道："只剩下某种具有广延性、柔软且不固定的东西[353]。"用广延性来定义物质是笛卡尔哲学最根本的论点之一，并被用于任何物质的实体。不过用蜂蜡作为例证，这种做法本身具有很重要的意义。改变一块木材或金属的形态需要一系列的动作，甚至要使用工具。蜂蜡的特殊之处在于，它本身具有可塑性，可以具体地实现物质的一般属性。

不管是采集野生蜜蜂的蜂蜜，还是传统或现代形式的养蜂，蜂蜜和蜂蜡在许多文化中都是人们广泛搜求和使用的产品[354]；与之相对，早在公元前好几个世纪，中国工匠就开发了缫丝工艺，但此后它长期处于秘而不宣的状态。欧洲自古罗马时代末期便开始追捧这种既奢华又便利的织物，但却不知如何生产这种东西，为此不得不与远东建立直接或间接的联系：由此出现了那条神秘的丝绸之路[355]。与其说这是一条路，不如说是一张网络，其中的结点催生出各式的图景和故事。从安条克城的要塞到中国的长城，从特拉布宗港口到撒马尔罕的清真寺，丝绸贸易为政治联合的博弈，宗教观念的传播以及未知之地的探索开辟了道路。桑蚕（*Bombyx mori*）成为欧亚大陆交往的主角。桑叶是蚕的主要食物，因此在文艺复兴时期，意大利和法国南部开始广泛种植桑树。正像奥利维耶·德·塞尔（Olivier de Serres）笔下描述的那样："哪里生长葡萄，哪里就有丝绸[356]。"他的《农事与耕田》（*Théatre d'agriculture et Ménage des champs*）一书专门辟出一章谈论"养蚕缫丝[357]"。亨利四世（Henri IV）的大臣苏利（Sully）因为鼓励种桑养蚕，巩固了法国人记忆中亨利国王一代明君的印象，并因此成就了基于科学知识提出经济发展政策的最早范例[358]。奥利维耶·德·塞尔之后，过了两个半世纪，一种蚕病的爆发又引来公共权力的干预。此时早已闻名于世的路易·巴斯德（Louis Pasteur）肩负起拯救法国养蚕业的任务。他去拜会让-亨利·法布尔。后者发现，来自巴黎的化学家对桑蚕的生物学一无所知，从没见过蚕茧的巴斯德甚至在耳边摇了摇这个东西，惊奇地问道："这里面有东西？——当然了。——什么东西？——蚕蛹。——蚕蛹？……"不过来自外省的昆虫学家着重指出，正是巴斯德通过显微镜观察，革新了养蚕业的卫生举措[359]。对法布尔来说，这则轶闻说明了观察——包括用显微镜观察——得到的知识比起从书本上预先获得的知识更为重要，但除了这一认识论层面的教益，我们还应看到，用专业知识来干预丝织业，正显示出其极高的经济价值。阿里斯蒂德·布里昂（Aristide Bruant）的歌曲让人们永远记住了里昂的丝绸工人，这些工人正是用这种宝贵的蚕丝，决心编织出"旧世界的裹尸布"。这些资料足以书写一部桑蚕的文化社会史，就像埃莱娜·佩兰（Hélène Perrin）有关棉小灰象甲的文章，夏洛特·斯莱（Charlotte Sleigh）有关蚂蚁以及伊夫·康伯福（Yves Cambefort）有关金龟子的专著[360]。

此外，某些传统药物也取自昆虫。近年的研究令昆虫学对医疗有了新的、更大的贡献[361]。用光丝绿蝇（*Lucilia sericata*）幼虫来清理伤口的做法很长时间里鲜有人知，但却早已在医学和兽医领域得到证实。人类发明了抗生素，之后就忽略了这些幼虫，现在又重新发现了它们，把它们用于包扎伤口，发挥其杀菌的作用。

破坏者与传播媒介

蜜与丝是甘甜与奢华的代名词，但自古以来，许多昆虫却和破坏、毁灭的情形联系在一起。比如《圣经·出埃及记》里的故事。耶和华为了惩罚埃及法老对希伯来人的奴役，令埃及遭受十种灾殃。其中有三种都和昆虫有关：第三种蚊虫之灾，第四种蝇蚋之灾，第八种蚱蜢之灾。通常蚱蜢——其实是蝗虫——的入侵并没有那么严重，但是故事的编者把它说成一次背后另有隐情的大爆发：

> 耶和华对摩西（Moïse）说，你向埃及地伸杖，使蝗虫到埃及地上来，吃地上一切的菜蔬，就是冰雹所剩的。摩西

就向埃及地伸杖，那一昼一夜，耶和华使东风刮在埃及地上，到了早晨，东风把蝗虫刮了来。蝗虫上来，落在埃及的四境，甚是厉害，以前没有这样的，以后也必没有。因为这蝗虫遮满地面，甚至地都黑暗了，又吃地上一切的菜蔬和冰雹所剩树上的果子。埃及遍地，无论是树木，是田间的菜蔬，连一点青的也没有留下[362]（出埃及记，10：12—15）。

历史科学间接继承了《圣经》批评的传统，不再从这样的叙事中找寻真实事件的影子，但依旧认为这些故事有可能帮助我们了解当时的人们如何看待这一地区常见的现象[363]。

昆虫既能破坏尚在生长的植物和储存的种子，也能破坏建筑材料和纺织纤维……就像我们在《圣经》故事里看到的那样，这种竞争常常改变人类群体之间的力量关系。欧洲的土豆曾遭到来自美洲西部鞘翅目马铃薯甲虫的侵袭，这一事件深深地印刻在欧洲人的记忆中。同样来自美洲的半翅目葡萄根瘤蚜也长久地改变了法国的葡萄种植分布[364]。

当昆虫充当寄生虫传播的载体时，这种互动的网络会变得更加复杂[365]。比如曾在中国行医的苏格兰医生万巴德（Patrick Manson）研究的血丝虫病。还有俗称"打摆子"的**疟疾**；这种疾病在许多地区都造成了影响[366]。法国军医阿方斯·拉韦朗（Alphonse Laveran）发现，疟疾的病原体是一种属于疟原虫属（*Plasmodium*）的寄生微生物；这一发现帮助我们认清了疟疾传播的完整路径，其中一环就是蚊子。这个领域的研究者中，最为著名的有意大利人乔瓦尼·巴蒂斯塔·格拉西（Giovanni Battista Grassi）和英国人罗纳德·罗斯（Ronald Ross）。他们之间最主要的争论体现了两人科研风格迥然不同。格拉西是动物学家，他在确定哪种蚊子传播疟疾时，凸显了博物学者的审慎精细。而罗斯则注重运用实验和数学的方法。罗斯曾呼吁英国政府加强疟疾的防治，他于 1902 年发表了《灭蚊队及其组织方式》(*Mosquito Brigades and How to Organise Them*)[367]。其中一章名为"与蚊虫斗争的历史"，这个说法让人联想起布鲁诺·拉图尔（Bruno Latour）的那句话："战争当中永远存在两种敌人，宏观的敌人和微观的敌人[368]。"不过我们注意到，疟疾既包含了微生物与人的斗争，也涉及昆虫。在印度作家阿米塔夫·高希（Amitav Ghosh）的历史小说《加尔各答染色体》(*The Calcutta Chromosome*)中，就有一段情节反映了疟疾感染造成的悲剧境况[369]。

从人类感受的角度来说，作为破坏者的昆虫是要和人类抢夺同一种资源，而作为传播者的昆虫把我们人类看作资源本身，这两种态度有着天壤之别。我们甚至可以进一步扩大这一差别，把经昆虫叮咬感染疾病，再将微生物传播给其他昆虫的人类，也视为传播媒介[370]。事实上，蚊子、疟原虫属、温血脊椎动物间的生命循环，假定了昆虫通过先叮咬病人成为疾病的携带者，之后通过再次叮咬将疾病传染给第二个人。所以正是从这一必然前提出发，罗纳德·罗斯构建起疟疾传播的数学模型。在之前我们引述过的著作中，他设想一个地方的蚊子数量减半，则蚊子叮咬的次数也会减半。但蚊子是通过叮咬病人而引发自身感染的，因此剩下的蚊子中受感染的数量也会相应减少，只相当于原先的四分之一[371]。从这一面向大众的科普性论证中，我们对罗斯随后几年发表的建模研究只能有一个大致的了解，而那些研究引起了美国数学家阿尔弗雷德·洛特卡（Alfred Lotka）的关注[372]。这位数学家在生态学方面也享有盛誉，因为他和意大利人维托·沃尔特拉（Vito Volterra）在同一时期各自发现了捕食者和猎物之间数量波动的模态方程。沃尔特拉还和他的女婿、生物学家翁贝托·德安科纳（Umberto d'Ancona）在 1935 年出版了一部名为《从数学角度思考生物关联》（*Les Associations biologiques au point de vue mathématique*）的著作，其中写道：

> 罗纳德·罗斯对人类和携带疟原虫的蚊子间关系的研究，第一次对物种间关系进行了定量的分析。此后，许多人投入到这类研究当中。罗斯建立的方程推导出了疟疾疫情在人群中的传播与受感染的蚊子叮咬次数的关系曲线[373]。

因此，在生态理论的历史以及生态理论与应用昆虫学结合的历史上，罗斯所建立的模型是一个里程碑[374]。

我们敌人的敌人

用雅克·达吉拉尔（Jacques d'Aguilar）的话说，传统上，对付所谓的害虫有三种方法：物理的、化学的和生物的[375]。物理方法主要是利用温度，特别是针对危害仓储植物产品的昆虫。化学方法是指在土壤或空气中施加或喷洒对昆虫有毒的化合物。生物方法主要是用捕食性和寄生性生物来攻击昆虫，借此控制其数量[376]。

科学史专家莎拉·詹森（Sarah Jansen）在谈论化学杀虫时，

特别提到德国曾经将（一战时期使用过的）战争毒气技术应用于治理森林病虫害。她给我们展示了一些德国昆虫学家如何借助"纯洁""退化"及"战争"这样的词汇，接近政治权力，并吸纳"军事技术[377]"。从军工向应用昆虫学的转化过程中，弗里茨·哈伯（Fritz Haber）扮演了关键角色。他是多种战争毒气的发明者之一，也组织动员了化学工业参与战争。他的妻子克拉拉（Clara）同为化学家，目睹丈夫的所作所为，为谴责使用化学武器的野蛮行径，在 1915 年选择自杀。尽管战争毒气广受争议，但哈伯仍在 1918 年被授予诺贝尔化学奖，以表彰他在合成氨研究上的贡献。他的成果推动了化肥和炸药的生产。此外，哈伯的名字还和一款名为齐克隆 B 的杀虫剂联系在一起。这种杀虫剂稍加改变就被纳粹用于集中营的毒气室。哈伯最终没有见证这一种族灭绝的行径：身为犹太人，他在希特勒（Hitler）上台不久就离开了德国，先后流亡英国和瑞士。他于 1934 年 1 月在巴塞尔去世[378]。

滴滴涕（DDT）也是在二次大战背景下开始使用的。滴滴涕化学名为双对氯苯基三氯乙烷。这一化合物 1874 年就已被发现，直到 1939 年才由瑞士化学家保罗·赫尔曼·穆勒（Paul Hermann Müller）（1948 年诺贝尔医学奖获得者）证明了具有杀虫的功效[379]。滴滴涕减少了破坏性昆虫的数量，对解决参战国遭受的粮食匮乏问题作出了决定性贡献。同时，在疟疾流行地区，滴滴涕也能帮助消灭带病的蚊子。1943 年 12 月，那不勒斯斑疹伤寒流行。这种疾病通过虱子传播。美军用滴滴涕对 200 多万人进行了消毒，并于 1944 年 3 月成功控制住了疫情[380]。

然而，杀虫剂，特别是滴滴涕在食物链中的累积，最终导致以昆虫为食的鸟类体内留有大量有毒物质。1962年，海洋生物和生态学专家蕾切尔·卡森（Rachel Carson）发表了《寂静的春天》（*Silent Spring*），她在书中设想了食虫鸟类灭绝的情形。此外，重复使用一种杀虫剂会导致自然选择保留那些更能耐受杀虫剂的生物形态。这样的选择一方面以几乎实验性的方式肯定了自然选择理论的有效性，另一方面也使得控制植物病害的形势更加严峻。

时至今日，生物消灭害虫的方法在许多环境中比化学方法更受欢迎。但是生物方法既有成效，也有失败。由于引入入侵物种，一些岛屿的生态环境变得脆弱，这就是失败的情况。而查尔斯·里雷（Charles Riley）的工作则可以代表成功的案例[381]。里雷1843年出生在英国，后来在法国小镇迪耶普读初中，又在德国波恩上了大学，随后移民美国。他先在一家农场工作，后来成为芝加哥一份农业杂志的记者。他还是密苏里州的昆虫学家，在好几所大学授课。他会说法语且热爱法国文化，有过7次在法国居住的经历。在用生物方法进行病虫害防治方面，他对加利福尼亚州柑橘的保护作出了贡献。1868年，从澳大利亚偶然传入的一种蚧壳虫——吹绵蚧（*Icerya purchasi*），对当地的柑橘造成了极大的危害。里雷相信，吹绵蚧之所以没有在发源地大量繁殖，是因为那里有天敌控制它们的数量，于是他被委派到澳大利亚去调查。随后，一种澳大利亚的瓢虫被引入北美。澳洲瓢虫（*Rodolia*（*Novius*）*carninalis*）用了不到2年时间就将吹绵蚧的数量减少到可接受的程度[382]。

在法国，人们知道里雷是因为他曾经和于勒·埃米尔·普朗雄（Jules Emile Planchon）等法国博物学家紧密合作，消除了葡萄根瘤蚜的危害。他们的主要做法是将法国的葡萄苗木嫁接到能够抵御蚜虫的美国葡萄树上。2007年出版的《法国昆虫学协会年鉴》(*Annales de la Société entomologique de France*)对这一事迹作过一番生动、翔实的历史考证[383]。这也是用生物方法消灭害虫的例子，但它不是借助某种天敌，而是利用对昆虫生命周期及其生存需要的知识，开发出保护相关植物的策略。

不过，与蚜虫的斗争仍然采取的是一种对抗的模式。在科学和舆论上都获得成功的生态系统概念，则强调要呈现非对抗性的关系，即要体现多方共赢的博弈关系。在这方面，屑食生物和食尸生物（其中也包括昆虫）发挥着决定性作用。蜣螂的故事就极具代表性：澳大利亚从欧洲进口的牲畜产生大量粪便无地处置，农民们不得不引入蜣螂来解决这个问题。另一个显著的例子是象甲，它被用来抵御凤眼兰的侵入[384]。

比起对有机物质的循环利用，传粉更有资格被视为昆虫和植物之间默契配合的成果[385]。

传粉：自然的秘密？

古希腊人很早就懂得——或许是从古巴比伦人那里得知的——要想保证椰枣有一个好的收成，椰枣树的种植者要把某些花序（我们称之为雄性）播撒在会结果的花序上。

所以我们大致可以认为古人如果不是懂得其中的奥秘，至少是接受了植物遵循有性繁殖的规律。其实，知道一个物种内部存在两种形态，一种明显能结出果实，而另一种同样是产生后代所必需的，这并不代表自然而然就知道两性的区别。所以，翻阅一下泰奥弗拉斯托斯（Théophraste）的《植物研究》（*Recherches sur les plantes*）就会发现，古希腊博物学者懂得用人工帮助椰枣树授粉，但却并不知道植物是有性繁殖[386]。赋予植物性别的区分，就意味着不把有性繁殖看成某种特例，而是当作一种涉及所有植物的普遍现象。这种知识从 17 世纪末才真正开始确立。第一个用实验方法确定花的性别的人，是图宾根植物园的主管、医学教授雅各布·卡梅雷（Jacob Camerer），也被称为卡梅拉留斯（Camerarius）。他在 1694 年一封信中记录了自己的实验，信的标题一目了然：《植物的性别》（*De sexu plantarum epistola*）[387]。当时任职于巴黎皇家植物园的塞巴斯蒂安·瓦扬（Sébastien Vaillant）热情地支持了这一观点。瑞典植物学家林奈在 1792 年完成了题为《植物婚配初论》（*Praeludia sponsaliarum plantarum*）的博士论文，他在论文中也赞同卡梅拉留斯的发现[388]，并论述了花的不同部分所具有的功能。他认为植物有性别之分是极为惊人的发现，所以他毫不犹豫地以此为基础提出了他的植物分类方法[389]。

一旦我们承认植物需要授粉，接下就要确定植物的两性如何相互接近，也就是说雄蕊中的花粉如何与雌蕊接触。这种接触对于雌、雄两性相互分离的植物——即拥有雌、雄两种花的植物物种——是必不可少的。对于那些一朵花同时具有雄蕊和雌蕊，但为了避免自花受精需要将一朵花的花粉授予另一朵花的雌蕊的植物，这样的接触过程也是常见的。

最初的实验以雌雄异株植物和风媒传粉作为对象，比如卡梅拉留斯对一年生山靛所做的实验。对昆虫传粉的观察在很久之后才出现。

最早的观察者之一是之后成为北卡罗莱纳州州长的阿瑟·多布斯（Arthur Dobbs）。他当时生活在爱尔兰，在那里有许多"乡间的消遣"，其中就包括观察蜜蜂。他的观察所得后来写进了一封致《伦敦皇家学会哲学汇刊》（*Philosophical Transactions of the Royal Society of London*）的信（1750）。他解释说，他本来把雷奥米尔的《昆虫史论文集》当作指南，但他的发现却和书中所说的相反，蜜蜂在同一次采蜜过程中，并未从一种花飞到另一种花上，而是局限在同一种花之间。在他看来，蜜蜂这么做是由于神意安排它来帮助植物生长，同时也让自己和同类获利；如果蜜蜂不这么做，将不同的花粉混在一起，就会对植物有害[390]。这里无意中透露了传粉的规律以及后来被称为杂交不育的情况。

另一位早期观察者是菲利普·米勒（Philip Miller），他是切尔西药用植物园的园长[381]。他在实验中实现了郁金香的授粉，几年后他讲述了自己的实验过程：

> 我另外种植了 12 朵郁金香，距离其他的花约有 6、7 码的距离，等它们一开花，我就十分小心地将雄蕊连同它们的顶端一起取下来，没有残留一点花粉。两天后，我看到一些蜜蜂在花坛劳作，那里的郁金香是没有被取走雄蕊的。这些蜜蜂离开时，肚子和脚上都带有花粉。我看到它们飞向那些被我摘掉雄蕊的郁金香，后来我发现它们在那里留下了足够这些花受孕的花粉，因为最后这些花结出很多果实[392]。

在植物授粉方面，18 世纪末最著名的研究成果分别出自约瑟夫·戈特利布·科尔罗伊特（Joseph Gottlieb Koelreuter）和克里斯蒂安·康拉德·斯普伦格尔（Christian Konrad Sprengel）。圣彼得堡科学院设立了一项奖金，用来奖励更全面揭示植物性别的研究。科尔罗伊特完成了一些实验，达尔文在《物种起源》第八章论述杂交时，很自然地引用了他的实验成果。达尔文同样欣赏斯普伦格尔的工作，后者在《花卉形态和授粉所揭示的大自然秘密》（*Das entdeckte Geheimnis der Natur im Bau und in der Befruchtung der Brumen*）中描述了花朵精细的结构，并将它与传粉过程联系在一起。他还特别指出蜜腺的功能：这些花中的腺体能够分泌甜味液体，以此吸引昆虫[393]。

　　传粉现象的发现，揭示了许多昆虫此前不为人知的作用，也因而动摇了人们关于害虫和益虫的区分。但我们应该注意到，这种区分在过去其实还有一种间接的用途，甚至出于政治和神学的原因，这种用途还是特意需要有的。要明白这一点，只需看看林奈的一位学生克里斯托弗·盖德纳（Christopher Gedner）在 1752 年提交答辩的博士论文[394]。这篇论文题为《自然史有什么用?》（*Quaestio historico naturalis：cui bono？*），受到导师林奈的启发完成的，甚至有人说就是由林奈执笔写成的，这在当时的瑞典也是常有的事[395]。论文作者遗憾地表示，不管是普通民众还是社会名流，都把自然博物研究看作是一种满足好奇心的无谓行为，他们认为研究一些大型的东西尚能令人理解，而研究昆虫或是苔藓就未免可笑了[396]。为了消除这种偏见，林奈提醒人们，自然史能够帮助引入外来物种，其中当然包括植物，也包括某些捕食性天敌昆虫，可以消灭那些危害我们的昆虫。最重要的是，林奈希望我们相信一切创造物对我们而言都有直接或间接的用处。所以"那些在我们看来完全是有害的东西，往往对我们是最有用的"。

比如，更大的昆虫吃掉蚜虫，鸣禽则以更大的昆虫为食，而我们又享受着鸣禽美妙的歌声[397]。总之，林奈肯定万物皆有用途，就好像是要证明自然史的社会功能。换句话说，昆虫肯定是有用的——因为林奈认为造物主不会平白无故创造出什么东西——但是它的用途需要去发现，而昆虫的有用性也就确保了博物学家并非无用。

我们在昆虫身上可以发现间接发挥的用途，本身之外的价值，以及经过折射的美感，但这并不是全部。金布甲、旖凤蝶、在新世界的热带雨林里闪烁金属蓝色光芒的闪蝶以及其他上千个物种，都增进了我们对这个世界美的感受。不要忘了还有蜻蜓，阿兰·居格诺（Alain Cugno）就以他深入且细腻的语言，为我们分享了蜻蜓令他着迷之处[398]。

益虫和害虫的区分从来就不是理所当然，也不是一成不变的，所以它无法阻止具有传粉作用的昆虫成为新的"益虫"。两个世纪后，人们为防治所谓的害虫而采取的行动，对众多生态系统造成了灾难性的干扰。农业生产本身也受到了威胁。某些杀虫剂对养蜂业的危害甚至令人担心蜜蜂的生存，进而担心水果种植业的发展，因为蜜蜂是重要的传粉媒介。例如加利福尼亚北部的一些农民不得不从外地租借蜜蜂，用卡车将蜂巢运到自己的农场，以免自己种植的水果和蔬菜大量减产[399]。所以我们可以从中实实在在地理解生态服务的概念。生态服务就是生态系统的运行所提供的服务，传粉就是其中的典型代表。我们自觉地用人类中心主义的目光看待问题，把受到威胁的昆虫置于一种经济理性的逻辑当中。

据说阿尔伯特·爱因斯坦（Albert Einstein）有过一个十分悲

观的预言，常常被人引用：如果蜜蜂突然消失，人类只能多活几年时间。这句话值得细加讨论。的确，西方蜜蜂（Apis mellifera）的消失会是一次生态灾难，会影响到许多开花植物的传粉，进而导致其中许多物种灭绝。这不仅会破坏生物多样性，也会降低大多数人的生活质量。但是并不是所有开花植物都通过昆虫来传粉，通过昆虫来传粉的开花植物也并不都依赖蜜蜂。这个预言的说法是修辞上的夸张。而且认为这句话出自相对论之父之口，也是毫无根据的。有记者就此采访过耶路撒冷希伯来大学"阿尔伯特·爱因斯坦档案馆"的馆长罗尼·格罗斯（Roni Grosz），后者谨慎地表示很难确定这句话是否是爱因斯坦所说，反正他从来没有在爱因斯坦留下的文字中看到过[400]。尽管这句话的来源没有定论，夸张的成分也受到批评，但它仍能提醒我们注意生物多样性的削弱所导致的危害[401]。为应对这一问题，人们采取了一些政策措施。有些专家认为这些举措对于解决严峻的环境问题杯水车薪，另一些则认为这些举措成本过于高昂。

关于这一点，有一个典型的案例。连接勒芒和图尔两座城市的高速公路在修建过程中曾停工了数年时间。原因是 1996 年在原本打算修路的地方发现了一种鞘翅目昆虫的幼虫。这种甲虫学名 Osmoderma eremita，法国人把它叫作"蛀李虫"，是欧盟规定的保护物种；为此法国国家自然史博物馆被委派去调研道路工程对它的影响。1999 年，一份由帕特里克·布朗丹（Patrick Blandin）主持撰写的报告出炉；它建议在该路段设立欧盟自然保护区（Natura 2000)[402]，但它也强调，"高速公路带来的影响很可能要小于沿线小块农业用地归并造成的影响[403]"。由于"这种甲虫主要分布在构成树篱的无头橡木上"，所以需要对"该地区所有树篱和大约 17000 株可能有该甲虫生存的树木进行诊断[404]"。国家自然史博物馆的专家得出结论：考虑到已经采取的保护措施（改进基础设施、设立欧盟自然保护区、土地归并指导方案、昆虫学追踪），修建高速公路对该甲虫生存地域的影响"总体而言并不显著[405]"。筑路工程于是得以重新开工；高速公路 2005 年 12 月实现通车。导演泽维尔·吉亚诺利（Xavier Giannoli）从这一事件的社会意义当中获得灵感，创作了《源头》（À l'origine）这部影片。该片在 2009 年戛纳电影节上映，演员包括弗朗索瓦·克鲁塞（François Cluzet）、艾曼纽·德芙（Emmanuelle Devos）和热拉尔·德帕迪约（Gérard Depardieu）。故事情节被搬到了法国北部。影片中的风景、动物和植物，表现得都很含蓄，似乎是要说明为一种甲虫而征求意见，无论如何都是极端困难的事情。这种困难从国民议会上的讨论中就看得出来：伊夫·德尼奥（Yves Deniaud）身为"保卫共和联盟"（RPR）及后来"人民运动联盟"（UMP）的议员，就表达了为这种"宝贵的、太过宝贵的小虫子[406]"花费如此代价的不满。

"蛀李虫"既不像某些脊椎动物，可以充当宠物，也不像能够传粉的昆虫，对其他生物大有帮助。它仅仅可以起到回收朽木的作用，而这一点对于负责道路交通的人而言实在是不足为道。保护这种鞘翅目昆虫的一个理由或许在于它具有遗产方面的价值，几个世纪的农业活动塑造出一种特别的树林景观，而它就承载着我们对这种景观及生活在其中的动植物的记忆。人们为保护和它类似的物种而采取种种举措，不仅仅是在遵循法律的要求，更是因为它们包含着某种最宝贵的东西，这便是特定的环境：环境不仅决定了特定物种的生存条件，而且使特定物种的出现成为生态多样性的一种标志[407]。

于是，为了使自然实在具有社会性的名称和价值，人们开辟出两条路径，提出了生态服务概念和共同遗产概念。前者来自经济学，后者来自文化产业领域。它们完全适用于昆虫，使昆虫和人类之间有可能进行另一种沟通，而不仅仅是对抗。这种修辞上的变通，相对于某些昆虫给人类造成的贫困和疾病，或是相比某些物种面临的灭顶之灾，可能显得微不足道。其实，当我们思考人与昆虫共存的方式问题时，并不是要让蚊子具有和人类的生命同等的价值，而只是想找到促成共生的最优条件，并且考量人类历史上昆虫起到的多种作用——这些作用可能是昆虫通过直接或间接，隐秘或公开，有益或令人生厌的行为形成的，也可能是昆虫引起或推动的概念创新带来的。

第七章
昆虫范本

在一部名为《科学的严谨》（*Del rigor en la ciencia*）的短篇小说中，豪尔赫·路易斯·博尔赫斯（Jorge Luis Borges）想象了一幅"跟帝国的疆土一般大小并完全契合的帝国地图[408]"。像这样把替代者和被替代者合二为一的奇怪发明，会让卢梭的读者想起他为爱弥儿（Émile）设想的自然历史陈列馆。它的收藏，"比所有国王的博物收藏都要丰富"，因为这座陈列馆就是"整个地球"[409]。卢梭认为："每个事物在其中都有各自的位置：照管这一陈列馆的博物学家把一切安排的井井有条；比博物学家多本东（d'Aubendon）做得还要好[410]。"换句话说，对于想要认识自然的人，即便是皇家植物园陈列馆里由布丰领导的博物学家精心**收集**、布置的展品，也比不上**实地观察**来得更为有益。十多年后，贝尔纳丹·德·圣皮埃尔（Bernardin de Saint-Pierre）的笔下也有类似的说法；他同样提到了多本东，把他当作博物馆馆长的杰出代表，"我们的陈列馆收藏的动物标本让我们看到的是怎样的景象啊！多本东等人努力赋予这些动物生机勃勃的样子，但无论他们的技艺多么高明，也只是徒劳无功"；眼前的一切"处处昭示着死亡的特征"。他最后总结道："我们所写的关于自然的书籍不过是对自然的虚构，我们设立的博物馆也只不过是自然的坟墓。"[411]

不同寻常的是，死亡反而受到生命的威胁。因为不论是私人或公共的昆虫标本收藏者，他们最担心的就是展出的昆虫遗骸面临某种生物的侵害：死去的昆虫对于其他昆虫而言是食物的来源。皮蠹、啮虫和其他一些类似的昆虫觊觎着那些用于展示昆虫类别的脆弱尸骨。为了预防，至少阻止腐败的进程，标本管理者会动用毒药，并采取多种防范措施。

昆虫标本的收藏和管理需要掌握专门的知识和技能，这些可以在专业出版物中找到，并由大学或协会组织传授。此外，尽管现在可以通过购买、交换、捐赠和继承获得藏品，但利用装备进行抓捕仍然是最基本的藏品来源。这其中就有可能出现违背保护自然原则的情况。

一只昆虫成为收藏品需要经过一系列的步骤，雅克·达吉拉尔对此有过详细的描述：

（……）收集来的昆虫会被截取四肢、触角和翅膀，成为一个由不同部件构成的单元，这样有助于比较。它们会被昆虫学专用的别针固定，然后被平铺在一块软木板或泡沫板上，昆虫身体的附件也会被钉在板上，直到干燥。（……）
等到标本完全干燥，它们就会被归类收纳到标准尺寸的"昆
虫箱"中，同时放入对二氯苯、山毛榉杂酚油或是百里酚，
以防标本发霉和皮蠹、啮虫等滋生[412]。

　　这些程序针对的是被捕到的成年昆虫（昆虫家称之为**成虫**）；
而幼虫则被保存在装满酒精或其他液体的玻璃管内。因此，管理
昆虫藏品，就像日常与那些不断威胁藏品的破坏者进行斗争。

　　所有这些标本除了具有保护遗存的价值，还是研究生物形态
多样性的必要工具。对这些标本的整理，本身就是在落实物种的
分类思想。大量汇集标本非但没有失去其重要性，反而变得越来
越有必要，因为类型学的观念正在被物种的人口观念取代：昆虫
藏品既要能反映每个物种内部的多变性，也要反映物种间的多样
性。但昆虫收藏的用处并不局限于系统分类学，它也有助于理解
某些能够解释生物多样性的机制。后文中有关生物拟态的例子可
以说明这一点。

生物拟态

　　夏天，欧洲人的花园里昆虫四处飞舞。其中有一些长相酷似
黄蜂，但和黄蜂不同，它们只有 2 只而不是 4 只翅膀，也没有螯
针和毒液。仔细观察一番会发现，这些其实是苍蝇，属于食蚜蝇
科。昆虫学家把它们与黄蜂间的相似性解释为一种自我保护的方
法，因为它们可以借此吓走可能的捕食者。尽管温带地区存在这
种被称为拟态（英语为 mimicry）的现象，但人们最初对它的研

究是在热带进行的。

FIG. 23.—Methona psidii (Heliconidæ).　Leptalis orise (Pieridæ).

《袖蝶科、粉蝶科》（Methona Psidii, Leptalis orise），阿尔弗雷德·拉塞尔·华
莱士（Alfred Russel Wallace），1897。
贝茨（Henry Walter Bates）在亚马孙河流域的数种蝴蝶身上观察到了拟态现象。
他对这一现象的解释有力地证实了达尔文和华莱士的理论。

　　博物学者、探险家亨利·沃尔特·贝茨在亚马孙河流域的数
种蝴蝶身上观察到了拟态现象。1861 年 11 月，他向伦敦林奈学
会提供了自己对这个现象的描述和解释，标题异常的朴实：《亚
马孙河谷昆虫种群研究新成果。鳞翅目：袖蝶科》（*Contributions
to an Insect Fauna of the Amazon Valley. Lepidoptera:*

Heliconidae），题目聚焦于某个特定的蝴蝶的科，容易让人忽略其中所涉及的理论问题的重要意义。贝茨批评"研究室里的博物学家"只知道在种类上不断细分，看不到那些区别不过是些变体而已。他认为之所以会有这样的趋势，是因为那些博学家孤立地研究标本，没有将它们联系在一起。也就无怪乎博物学家们笃信物种之间的界限泾渭分明且固定不变[413]。贝茨在最后这样总结道：

> 我觉得那些真真切切想要找到一个合理解释的人，应该会得出这样的结论：这种表面上看来不可思议而又美丽、令人惊叹的拟态相似性，或许和生物身上所有的适应性行为一样，都是由类似此处所看到的因素造成的[414]。

同样，贝茨的朋友、巴西旅行时的伙伴阿尔弗雷德·拉塞尔·华莱士在撰写有关进化论的论题时也十分关注拟态。他和达尔文同时且独立提出了一种物种变化的理论，使他青史留名。两人没有为谁先发现这一理论争执不下，而是互相承认对方的贡献[415]。1889 年，华莱士出版了一本名为《达尔文主义》（*Darwinism*）的书，自称这是一部"介绍自然选择理论及其部分应用实例"的著作。他在书中用自然选择理论解释了拟态现象。在强调贝茨的关键性发现之前，华莱士首先定义了拟态：

> （……）具有保护功能的相似性，一种生物在外形和颜色上接近另一种生物，甚至难以区分彼此，而实际上两者并

没有亲缘关系，并且常常分属不同的科甚至目[416]。

达尔文对贝茨有关拟态的解释也很推崇，热情丝毫不减华莱士。这位《物种起源》的作者在 1862 年 11 月 20 日写给贝茨的信中，称后者的文章"是他此生读过的最为出色，也最令人崇敬的论文之一[417]"。

1879 年，"对巴西蝴蝶进行实地研究的德国博物学者弗里茨·穆勒（Fritz Müller）[418]"发现了另一类拟态现象。这种现象今天被称为**穆勒式拟态**，它是指两种或多种有毒猎物具有相似性，这种相似性可以让捕食者更快地学会避开这些有毒猎物，从而减少猎物被捕食的几率。

1915 年出版的著作《蝴蝶的拟态》（*Mimicry in Butterflies*）提到了贝茨式拟态和穆勒式拟态。该书作者雷吉纳德·庞奈特（Reginald Punnett）是历史上著名的遗传学家：他［和威廉·贝特森（William Bateson）一起］将孟德尔（Mendel）的方法介绍到英国。在这本书的前言里，他说自己的书面向的读者层次不同，但希望他们都能找到一种有图示、篇幅不长、价格适中且不那么难懂的介绍性读物。庞奈特希望以此来激励那些游历或旅居热带的人观察当地的拟态现象，因为这类现象在他们所处的地方很多见且很明显；这样一来，每个人都可以帮助阐明在庞奈特眼中自然界中最迷人的问题之一。最后，他希望能激发读者的兴趣，引导他们从哲学的角度培养生物学的思想。他还补充说，在这个社会动荡的时代，"对自然选择的意义和作用有个清楚的认识，比大多数事情都重要的多[419]"。

伪装

借助标本收集与实地研究的相互补充，自然选择理论为拟态这一适应性现象提供了一种解释。这里我们可以另举出一个和伪装有关的例子，它比拟态简单的多，在教科书、科普读物、博物馆和展览中常常可以看到。这便是桦尺蛾（*Biston betularia*）的工业黑化现象。昆虫学家收集的标本表明，一直到 19 世纪初，这种飞蛾的翅膀是浅色，表面像是撒着胡椒，所以在英国这种飞蛾被称为**椒花蛾**。白天，这种飞蛾停留在桦树树干上，看起来就像树皮的一部分，所以它在法国被称为桦尺蛾，拉丁文学名中的修饰词 *betularia* 也是指的桦木。1848 年起，可以证实，在曼彻斯特附近，出现了深色、黑化的桦尺蛾。而且这种原本罕见的深色桦尺蛾在数十年间变得越来越常见。

过去黑色尺蛾比较罕见，那是因为它们停留在类似桦木这样的浅色物体上时，很快就会被捕食者发现。相反，当它们身处被染黑的物体上时，就没那么显眼，也就不容易被捕食，所以数量就开始增多。今天，去工业化进程和污染的防治，或许将要重新改变黑色尺蛾在种群中的比重。

上文的这种解释建立在昆虫学家收集的标本基础上，好几代研究者都对这个问题产生了兴趣，也激起了许多争论，出现了不同意见。前文提到过一部有关蝴蝶拟态的著作，作者庞奈特在其中一处注释中提出这样的问题：拥有最佳的保护色是否就足以解释深色桦尺蛾能更好地存活下来？换句话说，深色桦尺蛾的成功是否还有其他更严谨的解释？20 世纪 30 年代埃德蒙·B. 福特

(Edmund B. Ford) 的实验和 50 年代伯纳德·凯特韦尔（Bernard Kettlewell）的实验，都对尺蛾及鸟类捕食者的行为作了实验性研究[420]。

生物哲学特别偏爱援引拟态和伪装现象作为例子。所以针对达尔文理论对这些现象作出的解释，热内·让内尔（René Jeannel）提出了新拉马克式批评：

> 事实上，如果考虑到拉马克提出的环境对遗传特征发生作用的原则，这些现象就能得到更为自然的解释。正如生物具有相同颜色是生物通过视觉器官对感知到的光线刺激作出的遗传反应，同理，生物具有特殊醒目的颜色也是光线在相同环境条件下对不同组织发生作用的复杂结果。拟态现象是模仿者生存方式造成的结果，而影响这种生存方式的因素同样也影响着被模仿者[421]。

让内尔是法国国家自然史博物馆教授，热衷于洞穴学；他还因为为魏格纳（Wegener）大陆漂移学说提供生物地理学证据支持而闻名于世。他在 1946 年出版的《昆虫学导论》（*Introduction à entomologie*）中提出了上述批评。在他看来，达尔文理论对同色和拟态（具备特殊醒目的色彩）的解释属于目的论，而回到拉马克主义，回到它最传统的观点（对既得特征的遗传），则是合理的做法。但生物学知识随后的发展表明，这条路是行不通的。不管在昆虫学还是其他生物科学领域，达尔文的理论都不容置疑。所以我们可以在 2012 年 5 月法国国家科学研究中心（CNRS）的网站上读到这样一段话：

拟态是自然界中广泛存在的现象：许多物种之间会出现形态上相互模仿的情况，目的是更好地避开捕食者。一个由国家科学研究中心/国家自然历史博物馆（MNHN）（生物多样性起源、结构与进化实验室）以及国家农业科学研究院（INRA）（昆虫生理学：交流与信号）的研究人员共同参与的跨国联盟，最近首次对热带红带袖蝶（*Heliconius melpomene*）的基因组进行测序，得到了完整的基因组序列。在此基础上，研究人员指出拟态相似性是通过不同物种间颜色基因的交换实现的。直到今天，我们都认为相邻物种间的杂交是有害的，因为由此产生的后代通常缺乏竞争力。而事实上，杂交也能导致基因的迁移，造成有利于自然选择的结果，比如这里提到的蝴蝶身上的颜色标记，可以警示捕食者自己具有毒性。

因此，最新的分子生物学研究课题和精密的实验方法部分肯定又部分修正了实地考察和标本研究得出的描述和解释。像这样实验与观察相互补充的例子，在遗传学研究中也能找到，只是没有那么显著而已[422]。

果蝇和遗传学

许多科学史研究者对格雷戈尔·孟德尔的命运感兴趣。在人们的印象中，孟德尔是一位摩拉维亚修道院的教士，他通过杂交豌豆发现了遗传的规律，比后来的科学家早了35年。这一传统看法并没有问题，但还不够完整[423]。应当把孟德尔的工作重新放到园艺和农学领域植物杂交工作的背景之下。35 年后，雨果·德弗里斯（Hugo de Vries）、卡尔·科伦斯（Carl Correns）和埃里希·切尔马克（Erich Tschermark）重新发现了同样的遗传规律，也因为孟德尔，他们避免了对这一发现的优先权的争夺。于是，遗传学有了两次奠基时刻，先是 1865 年由孟德尔创立，然后是 1900 年由后来的发现者再次创立。孟德尔发现的遗传定律最初来自植物，到了 20 世纪最初几年就在动物身上得到了应用。在法国的南锡，吕西安·奎诺（Lucien Cuenot）在老鼠身上进行了实验，并证明它们的身体颜色遵循孟德尔定律。不过遗传学上最常使用的动物模型毫无疑问是黑腹果蝇（*Drosophila melanogaster*）。米歇尔·莫朗热（Michel Morange）在《分子生物学史》（*Histoire de la biologie moléculaire*）一书中指出，遗传学的拓展和美国生物学家托马斯·亨特·摩尔根（Thomas Hunt Morgan）选择果蝇为实验模型有很大关系[424]。的确，这一选择特别合适：这种昆虫不仅饲养成本低廉，而且繁殖迅速，只有 4 对染色体，并且从它的唾液腺中就能获得巨染色体。

摩尔根和他的三个学生〔艾尔弗雷德·亨利·斯特蒂文特（Alfred Henry Sturtevant）、赫尔曼·约瑟夫·穆勒（Hermann Joseph Muller）以及卡尔文·布莱克曼·布里奇斯（Calvin Blackman Bridges）〕在 1915 年发表了一部题为《孟德尔遗传学机理》（*The Mechanism of Mendelian Heredity*）的著作。他们特别指出，人们在 1865 年还不知道存在独立的性状分离现象。现在我们知道，在孟德尔的豌豆杂交实验中，这一现象表现为杂交后代具有"祖父母"其中一方的颜色和另一方的大小。摩尔根认

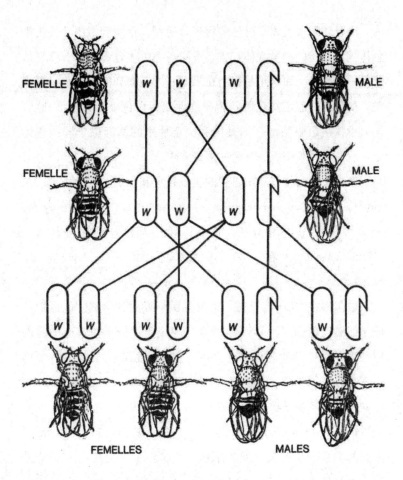

FIG. 2. — Hérédité du caractère « yeux blancs » (au lieu de rouges), dont le gène est porté par le chromosome sexuel X, chez la mouche du vinaigre, *Drosophila melanogaster*. Ici, descendance du croisement femelle à yeux blancs avec mâle à yeux rouges.

《'白眼'性状的遗传》(*Hérédité du caractère "yeux blancs"*)，西奥多修斯·杜布赞斯基（Théodosius Dobzhanski），1969。
摩尔根及其团队把果蝇作为研究对象。

为，染色体学说可以很好地解释遗传机制。他明确指出，要把染色体视为遗传的物质载体，就要求同一染色体包含的所有要素始终是一个整体。而这正是我们在果蝇身上观察到的结果。举例来说，如果我们假定红色眼睛为显性性状而白色眼睛为隐形性状，同时承认决定眼睛颜色的基因和决定性别的基因位于同一色体上，就能解释果蝇眼睛颜色的遗传方式。

摩尔根及其合作者所讲述的这段社会和知识发展的历史，在罗伯特·科勒（Robert E. Kohler）的著作《蝇王》（*Lords of the Fly*）中得到转述和分析。这一标题让人想起威廉·戈尔丁（William Golding）在其 40 年前发表的小说（*The Lord of the Flies*）[425]。

摩尔根在 1933 年获得了诺贝尔医学或生理学奖。他最初任职于纽约哥伦比亚大学。1928 年，他接受了位于帕萨迪纳的加州理工学院提供的职位。此时，一位从俄国移民至美国的博物学家加入了同一研究团队。这便是西奥多修斯·杜布赞斯基。他的研究兴趣在于物种内部的变异。他关注了另一种果蝇——拟暗果蝇（*Drosophila pseudoobscura*）。杜布赞斯基是在研究种间杂交的不育现象时发现这种果蝇的[426]。为了捕捉这一果蝇的样本，绘制其在自然界的分布状况，他的足迹遍布整个落基山脉[427]。身为昆虫学家和遗传学家，杜布赞斯基拥有丰富的田野观察经验，后成为生物学史上进化综合理论的创始人之一。他有一句名言："不以进化论，无以理解生物学[428]。"秉持这一信念，他将自己的分析工作拓展到用生物学方法研究人类社会所提出的问题。在题为《遗传与人类本性》（*L'Hérédité et la nature humaine*）的论文中，他提出"人类的进化同时在两个不同的方面取得进展：一是生物学方面，另一个是文化方面[429]"之观点。
他把文化定义为"习惯、信仰、风俗、语言、实践技艺的总和"，
并认为这样定义的文化现实是人类独有的。

这一问题同样也是社会生物学争论的核心问题，但得出的答
案却大不一样。

社会生物学

在第四章谈到蜂巢或蚁穴的政治形象时，我们已经提及社会
生物学。有人把社会生物学看作一门新兴的独立学科，有人则视
之为动物行为学下属的分支学科，还有人把它当成是一种政治思
潮，总之很难对它定位。正如其他类似的争论，通常我们质疑某
个学科是否是一门科学，提出的不仅仅是它的科学性问题，还包
括它的独特性问题。不同的学科相互交叉，相互重叠，相互融
合，相互隶属，有的甚至在得到现有的名称之前就已经存
在了[430]。

由此看来，社会生物学的历史可以分为三个阶段。20 世纪
30 年代，以洛伦茨（Lorenz）、冯·弗里希（von Frisch）和廷伯
根（Tinbergen）为核心，建立了研究动物行为的动物行为学。今
天，动物行为学这个词并没有消失，但"行为生态学（écologie
comportementale）[431]"这一说法取而代之。时间线上，社会生物
学这个词的出现介于它们之间；20 世纪 70 年代到 90 年代，一大
批针对动物行为的研究都可以归到它的名下。一些研究者曾希望
社会生物学能囊括一切相关研究，但其实它最初只是关注一种特
殊的现象：雄蜂的单性繁殖。未受精的卵繁育出的是雄性蜜蜂

（雄蜂），受精卵则繁育出雌性蜜蜂（蜂王或工蜂）。这一现象在19 世纪就得到一位波兰本堂神甫的证实。这位神甫名叫约翰·齐从（Johann Dzierzon 或 Jan Dzierzon），他既是神学家又是科学家[432]。作为神学家，齐从因为反对教皇绝对正确的教条而名声大噪。身为科学家，他则是现代养蜂技术的先驱。

一个世纪后，到了 1964 年，英国生物学家威廉·汉密尔顿（William Hamilton）在《理论生物学杂志》（*Journal of Theoretical Biology*）上连续在两篇文章中发表了自己的研究成果，这一研究名为《社会行为的遗传进化》（*The Genetical Evolution of Social Behavior*）[433]。汉密尔顿提出一个假设，将具有社会性特征的膜翅目昆虫的行为与它们的染色体数量联系在一起。蚂蚁和蜜蜂群体中，雌性是二倍体，也就是说她们拥有 **2n** 个染色体，而雄性是单倍体，他们只有 **n** 个染色体[434]。经过汉密尔顿用数学手段处理，**单二倍体**（haplodiploïdie）就能够解释很多问题。因为概率计算可以证实，一只雌性的基因当中，四分之三和自己姐妹的基因相同，但她和她的雌性后代，仅仅共享一半的基因。所以，一只雌性蚂蚁通过养育自己的姐妹而不是繁衍后代，更有利于保存自身的基因。这一解释同样适用于蜜蜂。不过，蜂王与多个雄性交配让情况变得更加复杂，需要有其他假说来补充[435]。而真正的困难在于这样一种假定：不管什么物种，其一切社会性行为都能够和特征如此明显的遗传事实形成直接的因果关系。即便是在昆虫范围内，也无法用单倍体和二倍体来解释白蚁的社会行为。不同于蚂蚁、蜜蜂这样的社会性膜翅目昆虫，白蚁每一等级都能区分出雄性和雌性。这并不意味着白蚁的行为和它们的基因没有关联，只是其中的关联建立在其他原则之上。

汉密尔顿在他的文章中承认，一只白蚁的后代和它的兄弟姐妹具有同样的基因相似性，但他认为可以找到一个"生物经济学"依据来解释白蚁的情况，同时也能解释为什么某些个体的节制繁殖会对整个家庭有利[436]。

这些学说原本只会局限在一个狭小的专业圈子里，但是爱德华·威尔逊[437]的到来改变了这一切。威尔逊是一位深入田野的博物学者，是研究蚂蚁的专家；他和罗伯特·麦克阿瑟（Robert MacArthur）共同创立了有关岛屿动植物移植的生物地理学理论。他另一个广为人知的身份是**生物多样性**这一说法的推广者。他在社会生物学领域的贡献也有目共睹[438]。威尔逊的风格具有挑衅性又不乏幽默感：按他的说法，在一个外星动物学家眼中，一切人文科学和社会科学不过是研究**智人**（*Homo sapiens*）的社会生物学的一部分[439]。他提出，或许是时候让伦理学暂时脱离哲学家之手，使之成为生物学的研究对象[440]。一年之后，也就是 1976 年，他认为可以明确提出，"生物学，特别是有关种群的生物学，与社会科学之间不再有区别[441]"。照这样的说法，社会科学的各门学科不再享有独立性。这种堪称无礼的断言对社会科学的专家来说不啻为一种威胁。而且这些专家怀疑，任何有关社会行为的生物学理论都试图将社会经济不平等、排他或歧视现象归结为自然的结果，从而赋予它们合理性，因此他们对罗伯特·麦克阿瑟的说法就更加警惕。不同机构的竞争以及认识论方面的分歧进一步加剧了这种争论。

1985 年，法兰西大学出版社出版了帕特里克·托特（Patrick Tort）主编的一部著作《社会生物学的贫困》（*Misère de la sociobiologie*）。书名令人想起马克思的《哲学的贫困》（*Misère de la philosophie*），而马克思的这部著作又是以论战的方式对蒲鲁东（Proudhon）《贫困的哲学》（*Philosophie de la misère*）所作的回应。帕特里克·托特主编的这本书激烈批评了社会生物学，认为它非但不是一门新兴学科，反而是社会达尔文主义披上遗传学新衣形成的另一个变体。

1993 年，《蚂蚁与社会生物学家》（*La Fourmi et le Sociobiologiste*）出版。该书作者皮埃尔·杰森（Pierre Jaisson）为社会生物学辩护，他认为人们没有花力气去预审就对这门科学作了有罪判决。4 年之后，他在《研究》（*La Recherche*）杂志发表的一次访谈中，进一步阐述了这一主题。与之相反，法学家、国际法专家莫妮克·舍米利耶-让德罗（Monique Chemillier-Gendreau）在评论威尔逊的一部著作时这样总结道："我们应当接受生物学迫使我们面对的全新问题，但绝对不能接受社会生物学对这些问题作出的危险回答[442]。"曾对弥尔顿时代英格兰蜜蜂的形象作过深入且生动描述的玛丽·坎贝尔（Mary B. Campbell）则提出，应对威尔逊有关蚂蚁的研究保持警惕[443]。她认为，这些支持社会生物学观点的研究，诉诸自然的道德权威，对性别、种族的平等以及同性恋者的权利都构成了威胁。最后还应提到的是米歇尔·维耶（Michel Veuille）收录于"我知道什么？"（*Que sais-je?*）丛书的《社会生物学》（*La Sociobiologie*）。任何对这个问题感兴趣的人都应该读一读这本具有批评精神、清晰且准确的概要性论述。他在该书中用朴实的语言解释了"一种危险的社会生物学如何经过几年的时间被一种高质量的**行为生态学**取代[444]"。

社会生物学引发了很多理论争议，其中有两个特别引人注目。

第一个关于如何确定自然选择发生在哪一个生物学单位上：基因、个体、群体等等。原则上，达尔文理论认为自然选择保留的是对个体有利的东西。但在《人类的由来》（*La Filiation de l'homme et la sélection sexuelle*）[445] 中，达尔文提出了另一个观点，即某些行为即使未必对个体有利，但只要对个体所属的群体有利，也会被选择并保留[446]。威尔逊的观点与此相同，他把**群体选择**（sélection de groupe）纳入一种多级选择中。不过并不是所有社会生物学的支持者都赞成这一立场。畅销书《自私的基因》（*Le Gène égoïste*）（1976）的作者理查德·道金斯（Richard Dawkins）就极力赞成**亲族选择**（sélection de parentèle）的观点。他认为，生物个体不过是基因的一个"复制品"和"载体"。擅长使用比喻的道金斯大受媒体赞誉。如果我们也用他的方式来说，个体的利他性不过是其基因自私自利的一个结果。从外部来看，威尔逊和达尔文在观点上的差别微乎其微。两者都立足于达尔文主义理论框架，将其毫不犹豫地用于人类社会。不过，美国的博物学者和英国的生物学家之间争论很激烈[447]。在这方面，美国生物学者琼·拉夫加登（Joan Roughgarden）提出了"慷慨的基因"（gène généreux）概念，希望以此来超越上述两种对立立场；但似乎并未能达到目的。不管怎么说，琼·拉夫加登拓展了人们看待性行为或单纯涉及性别差异行为的视野。她提醒人们，某些社会性昆虫的群落当中，会有不止一个女王和分属不同族系的雌性工人群体。一个惊人的例子来自日本。在北海道平原发现了一个"超级群落"，那里汇聚了 4.5 万个巢穴和不少于 100 万个女王[448]。

第二个则关于自然化过程。人们倾向于认为，称某个行为是

《捕捉水生昆虫》（*La pêche aux insectes aquatiques*），引自埃米尔·布朗夏尔，1877。
昆虫成为科学研究、美学创造和哲学思考的对象。

自然行为，必须要证明其合理性。而事实上，结论并不是显而易见的：探寻可理解性并不一定意味着探寻合理性。我们区分出灵长类动物、**智人**，并讨论蓄养另一种动物是否合乎道德规范等问题。而要回答这些问题，蚂蚁和蚜虫的例子会有所帮助吗？

　　不管是拒斥社会生物学的人还是用它来代替人文科学的人，都默认一个前提，即人类社会和昆虫社会尽管有种种差别，但仍存在一致性。若没有这个一致性前提，为何人文主义者要惧怕社会生物学者从自己的观察中可能得出的教益？为什么博物学者又会想要拓展社会生物学的疆域？

第八章
界与环境

　　"只要你开口说话，我就为你施洗。"传言波利尼亚克红衣主教曾这么对皇家花园里的一头猩猩说。狄德罗（Diderot）的《达朗贝尔的梦》（*Le Rêve de d'Alembert*）记录了这则趣闻，从中我们可以看到，人和猿猴之间有着说不清道不明的亲缘关系[449]。林奈提出了灵长类动物的概念，从分类学的角度来说明这种关系。而进化论则为这种关系赋予一种谱系学意义，人类中心主义者对此充满敌意，因为用弗洛伊德的话来说，他们受到了自恋式的伤害[450]。但昆虫则不同，它们的甲壳构成了一种外部的骨骼，其构造遵循与哺乳动物完全不同的原则。而且昆虫体型小，其生存方式受外界接触力的影响胜过重力的影响。造物主再怎么轻盈也无法立于花朵之上，再怎么微小也无法在天花板上行走[451]，正因如此，我们很容易会——但也是错误地——把蜂巢上的完美图形或是蚁群的纷乱繁荣归功于一种神奇的几何学，类似"智能设计[452]"那样的东西。某种意义上说，这种错误的看法重新把昆虫看作伟大造物主的作品[453]。于是，在形而上学的战场上，昆虫便成为神学家的帮手，就像猴子是自由派思想家的盟友一样[454]。

构造图（le plan d'organisation）

人与动物的相似性是 18 世纪末、19 世纪初引起争辩的核心问题。

1830 年夏，歌德（Goethe）在接待一位来访的朋友时，激动地和他谈起最近在巴黎爆发的"火山"。这位朋友以为歌德说的是推翻查理十世（Charles X）的革命，就对他讲起了波利尼亚克总理，还告诉他王室很可能会被驱逐出境。歌德打断了对方：他可不在乎这些人！他说的"火山"指的是巴黎科学院若弗鲁瓦·圣伊莱尔（Geoffroy Saint-Hilaire）和居维叶之间的争论[455]。人们对这样的轶闻喜闻乐见，因为它很能说明诗人歌德对动物、植物形态表现出的兴趣，也因为它凸显了构造图这个概念的重要性。若弗鲁瓦很看重这一概念，当我们要比较人的手臂，鲸鱼的前鳍和蝙蝠的翅膀时，就绕不开构造图的概念。只要试图把对相同结构的研究拓展到整个动物界，这个概念就令比较解剖学陷入尴尬的境地[456]。

过去我们认为，这种对立代表了是否支持物种变化论。而问题实则是要弄清脊椎动物和无脊椎动物——比如人和昆虫——是否具有相同的构造。至于这个构造是否源于共同的历史进程，又是另一个问题。在乔治·居维叶看来，动物分为四大类：脊椎动物（包括人）、软体动物、节肢动物（包括昆虫）和植形动物。每一类都有自己独特的构造，不存在可能的中间状态或从一种构造变为另一种构造的过渡状态[457]。相反，若弗鲁瓦·圣伊莱尔认为"自然似乎局限于一定的范围内，自然界中的一切生物似乎都是按照唯一的构造形成的，它们在原理上是相同的，但在次要的部分却有差别[458]"。

据此是不是可以说，若弗鲁瓦已经预见到今天的生物学知识？依据新的发现来重新解读过去的争议，这种颠倒时序的做法已经被许多科学史专家所抛弃。但是，有意识、有节制、有限度地运用这种做法，可以帮助我们针对同一个经验性的实在形成更多可能的理论观点，进而对这些观点进行比较或对照。

今天的生物学通过把若弗鲁瓦的思想和分子遗传学联系在一起，阐明了构造图这个概念。在这个领域，爱德华·路易斯（Edward B. Lewis）、克里斯汀·纽斯林-沃尔哈德（Christiane Nüsslein-Volhard）以及埃里克·威斯乔斯（Eric Wieschaus）的研究成果为他们赢得了 1995 年的诺贝尔生理学或医学奖[459]。曾经在摩尔根及其团队的工作中发挥重要作用的果蝇重新被当作范例，用于研究胚胎学与基因科学相结合的问题。正如埃尔韦·勒·居亚德（Hervé Le Guyader）2000 年在《科学史杂志》（*Revue d'histoire des sciences*）上发表的文章中论述的那样，20世纪 80 年代，人们发现昆虫和哺乳动物拥有共同的同源基因复合体，"震动了生物学界[460]"。这一发现影响很大，其中就包括确定昆虫和哺乳动物在 5 亿 5000 万年前拥有共同的祖先。这是否意味着从人类诞生之初，就与陆地节肢动物生活在同一世界里[461]？

散步者、狗和蜱虫

"（世）界"（monde）的概念并不是真的那么一目了然。安德烈·拉朗德（André Lalande）的《哲学的技术性和批判性词汇》中，对"（世）界"的不同定义作了分析，从各种体系——比如托勒密（Ptolémée）体系、哥白尼（Copernic）体系——一直到拥有自身规范和用途、作为社会群体的界。不过，对出生于爱沙尼亚的波罗的海德意志裔生物学家雅各布·冯·乌克斯科尔（Jacob von Uexküll）而言，"（世）界"这个词有另外的含义。他在 1934 年发表过一篇论文，法文译名为《动物世界和人类世界》（*Monde animaux et monde humain*）[462]。

> 乡下的居民常常带着自己的狗穿过树林和灌木丛，他一定认得一种微小的动物。这种动物悬在灌木的枝杈上，等待着自己的猎物；当人或其他动物走近时，它会迅速叮在它们身上吸它们的血。这种动物只有一两毫米长，吸饱血的时候甚至能有一颗豌豆那么大[463]。

乌克斯科尔像这样介绍完背景和情节，然后告诉我们这一幕戏的主角就是蜱虫，并指出它有 8 只脚。有经验的读者由此可知，这种动物并不是昆虫，而是属于蛛形纲，是蜱螨亚纲的一种。

> 雌性蜱虫受孕后，就会靠自己的8只脚爪爬到某根枝丫
> 顶端足够高的地方，以便掉落在下方经过的小型哺乳动物或
> 附着在从旁路过的大型动物身上[464]。

在这一攀升到"枝丫顶端"的过程中，蜱虫依靠感知光线来引导方向。它既盲又聋，只能根据哺乳动物汗液中散发出来的丁酸气味来感知是否有此类动物靠近。这种气味"如同一个信号"，引导蜱虫向着发出气味的哺乳动物掉落。如果它掉在某个热的东西上，"只需要依靠触觉来找到一个皮毛稀疏的地方"。填饱血之后，它就掉落在地上，在死去之前产卵[465]。乌克斯科尔对蜱虫一生的描写，兼顾了故事的跌宕和观察的准确性，很有法布尔《昆虫记》的风格[466]。

随后，为了说明从自己的观察中得出的教益，乌克斯科尔区分了两种阐释方法，一种是纯粹"生理学的"，另一种是"生物学的"。这种说法看起来很奇怪——生理学难道不是生物学的一部分？——但对于是否应当对生物采取一种机械式的观点，这个说法能帮助我们找出争论的关键所在。乌克斯科尔写道："对于生理学家，任何生物都是一个处于人类世界中的客体[467]。"相反，生物学家则相信，"任何生物都是生活在自己世界中的主体，是那个世界的中心"。在这一对立之外，还有另一重对立：乌克斯科尔不想把有机体比作机器，而更愿意将之比作"操纵机器的机械师[468]"。

为了说明这一点，乌克斯科尔提到了"一片开满花的草原，

鞘翅目昆虫在花草间鸣叫，蝴蝶在上空飞舞"，然后他请读者想象一下，每个"小虫子"都被一种类似肥皂泡的东西包围着。这个肥皂泡就代表了它生存的环境，它"充满了主体可以获得的特征"。如果我们走进这个肥皂泡，"这片多彩草原的许多特征就消失了，其他的一些特征则从整体当中分离出来，新的关联又会产生"。在这个思想实验的最后，乌克斯科尔总结道："一个新的世界便在每个肥皂泡中形成。"[469] 上述分析还配上了乔治·克里萨特（Georges Kriszat）绘制的插图，画面上是狗或苍蝇眼中房间的样子[470]。

乌克斯科尔使用了（世）**界**（*Welt*）和**环境**（*Umwelt*）的概念。并且同时用在了人和动物身上。荷兰人弗雷德里克·雅各布斯·约翰内斯·布滕迪克（Frederik Jacobus Johannes Buytendijk）在 1958 年发表的一篇比较心理学论文中对此提出了异议[471]。他向乌克斯科尔表示敬意，认为我们"都要感谢乌克斯科尔贡献给我们的如下原则，'有机体是主体而非机器'"，但他同时指出：**"人拥有的并非一个环境，而是一个世界**[472]**。"**他补充说，自己这句话的意思是，人类面对这个世界时，会为自己选择一个视角，而且即便这一选择不是完全自由的，人类至少"也是靠自己的知识和行动存在着[473]"，这也是其区别于动物的地方。

现象学与动物学

乔治·康吉莱姆（Georges Canguilhem）从历史知识论的角度探讨过**环境**这一概念的演化，其中也提到了蜱虫。康吉莱姆回顾了环境从一种机械概念转变为生物概念的过程。他指出环境这个词如何从中介的空间成为像水或空气那样的支撑性流体。拉马克所说的**境况**，指的就是今天被称之为"环境"的东西。而达尔文认为，"环境"这个词意指生存环境。康吉莱姆正是为了说明环境的这种生物意义而引用了乌克斯科尔有关蜱虫的文章[474]。

此外，乌克斯科尔的分析把任何生物都视为"生活在自己世界中的主体，是这个世界的中心"，这和胡塞尔（Husserl）开启的现象学进路存在某种一致。现象学的基本洞见之一就是意识与世界的相关性。意识始终是指向某个东西的。它提出要回到事物本身，这就要求我们描述现象，而把现象背后有什么我们未知的实体这个问题悬置起来。但这个过程中最主要的困难在于我的世界中还同时存在其他主体。正如胡塞尔在《笛卡尔沉思与巴黎讲演》（*Méditations cartésiennes*）里所说：

> 经验是一种认知模式，在这种模式下，认知的对象"原原本本"被给定；也就是我们在经验过他者之后常常会说的，它"有血有肉"地在我们面前。而这种"有血有肉"的特征并不妨碍我们承认：并不是另一个"我"原原本本地被给定（……）。因为这样一来，假如我可以直接地触及属于他者存在自身的东西，那么这个东西就不过是属于我存在的某一刻，并且最终造成我自身与他者自身成为一体[475]。

这一论证强调了交互主体性的作用，但还没有使自然科学的研究设想失效。胡塞尔明确说："在人与动物的世界内部，我们会遭遇自然科学所熟悉的问题，包括起源的问题，身、心进化

（*genesis*）问题，生理学和心理学问题[476]。"

意大利哲学家吉奥乔·阿甘本（Giorgio Agamben）指出了乌克斯科尔的分析在哲学上的影响。阿甘本认为乌克斯科尔的分析与 20 世纪初的量子物理学以及前卫艺术同时出现，同它们一样，告别了过去以人类为中心的世界。阿甘本解释道：

> 经典科学看到的是一个唯一的世界，其内部包含的一切生物按照一定的等级秩序组合在一起，从最简单的形式一直到最高级的生物。但乌克斯科尔对此提出了相反的假设。他设想了无限多样的可感知的世界，所有这些世界同样完美并相互联结，仿佛一张庞大的音乐总谱[477]（……）。

阿甘本随后概括了马丁·海德格尔（Martin Heidegger）有关世界概念的思考，他写道："以下三重论点贯穿了海德格尔对世界概念是：石头是无世界的（*weltloss*），动物是世界贫乏的（*weltarm*），人是构成世界的（*weltbildend*）[478]"。

在描述动物的"世界贫乏"时，海德格尔从乌克斯科尔那里获得了灵感，他认为后者代表了生物学上最为丰硕的成果[479]。他多次引用乌克斯科尔，似乎在自己的描述中将他作为楷模，比如在下面这段对某一昆虫行为的分析中：

> 一只昆虫攀附在一根草上，对它而言这绝不是一根草，也不是未来可以供农夫喂养奶牛的干草的一部分。这根草是这只昆虫所走的路，它在上面寻找的不是随便什么吃食，而

是它所需要的特定的食物[480]。

现象学和乌克斯科尔作品的重合同样在莫里斯·梅洛-庞蒂（Maurice Merleau-Ponty）那里得到证实。1957—1958 年度他在法兰西学院的课程把自然作为主题。他对听众讲述了蜱虫的生命周期，还描述了它的行为[481]。他兴致勃勃地提到了乌克斯科尔的这句话："我们人类也是如此，我们每个人都生活在他人构成的外部环境之中[482]。"

40 多年后，吉尔·德勒兹（Gilles Deleuze）和菲利克斯·加塔利（Félix Guattari）发表了《千高原》（*Mille Plateaux*）。这个书名很神秘，意味着要超越群峰，暗示出这本书不再具有层次分明的结构。在《千高原》中，作者也参考了乌克斯科尔的作品，讲述了蜱虫的故事[483]。不同性质的作品都参考这一资料的情形，引起了许多作者的注意，比如伊丽莎白·德·丰特奈（Elisabeth de Fontenay）在《动物的静默》（*Le Silence des bêtes*）中就提到过[484]。

这个话题远未穷尽，而有关蜱虫的范式依然值得关注。这是一种还原的方法，试图从简单的原因中寻找现象的可理解性。生物学家们习惯看到还原论和分子生物学联系在一起，有时也可能和细胞生理学相关联。在乌克斯科尔有关蜱的分析中，令人感到惊讶的是，他的描述延续了博物学的传统：这种描述的基础是通过实地观察来再现和阐释某个行为，而实验室中的实验仅仅提供了一种补充的信息，比如，他就用这种描述方法来估算蜱虫等待受害者的时间。

动物行为学与动物伦理

尽管把蜱虫用作典型的示例有许多著名的先例，但往往仅限于认识论和本体论范畴。不过，也有延伸到伦理学领域的可能。考察下面的例子便能了解这一点。"乡下的居民"看到一只蜱虫正在吸他养的狗的血。他担心自己的伙伴感到不适，害怕蜱虫携带某种致病的微生物，不去考虑这种恐惧是否有根据，是否有道理。他或是亲自把蜱拔出来，或是请一位兽医或有经验的邻居帮他做这件事。但是这个必不可少、对狗有益的举动，对蜱虫而言却是致命的一击。没有人把这种情况视为困境，这样的困境可能置伦理于尴尬之中。

蜱虫和狗的例子也适用弗洛朗斯·比尔加（Florence Burgat）对蚊子和猪的论述。在一篇发表在法国国家农业科学研究院《环境通讯》（*Courrier de l'environnement*）上的文章中，他说：

> 同情是指对他者遭受的痛苦感同身受的能力，它可以针对动物世界，但可能不包括那些最小的动物，因为很难甚至无法与它们形成认同，最主要的是它们很可能就没有痛苦和焦虑的体验。人们不太会把打死一只蚊子和屠杀一头猪当作一回事，即使想要打死一只蚊子未必就有合理的理由[485]。

我们可以提出两个论据来说明为什么一只昆虫或蛛形纲动物的生命与一只哺乳动物的生命相比显得那么微不足道。第一个论据完全是主观的。而第二个论据则力图带有一定的客观性。实际上，很难与一只小小的节肢动物（昆虫、蛛形纲动物、马陆、鼠妇）形成认同，这是一种思维经验形式——体型和结构上的差异阻碍了移情尝试——而拒绝承认动物也会感到痛苦则是基于一种与观察和假说有关的思想构建。

矛盾之处在于，同样一种对待动物的方式，会因为这种动物是否被认为有能力感受痛苦而受到道德上的谴责或容忍。而要确定动物是否有感受痛苦的能力，我们会寻求解剖学论据，比如它们的神经系统结构，以及动物行为学依据，比如它们行为的特殊性。因此，为了说明昆虫不会痛苦，我们会推说昆虫大脑相对简单，同时指出一只受伤严重的昆虫会继续其行动，就像什么都没有发生：比如把蜜蜂的腹部切除，它仍能继续饮水[486]。一只昆虫是否受到合法的对待，这里包含的伦理问题很大程度上依赖于我们如何回答生理学方面的科学问题：这种依赖性却损害了道德与科学都必需的自主性。

另外，如果一只令人讨厌的小虫子无法传达它可能遭受的痛苦，无视并摆脱它就会更加容易。但这一观点仍有商榷的余地。举例来说，孩子们将一只苍蝇的脚拔下来，这种无意识的残忍行为仍会引起我们的不适；或者，膜翅目昆虫（姬蜂）会麻痹毛虫，并在其体内产卵，以便幼虫出生后可以从内部吞食毛虫，这样的行为也会引起人们的反感。达尔文在写给阿萨·格雷（Asa Gray）的信中，拿这种行为作为论据来批判自然神学所提出的有关世界的天命论看法。

从神学角度来看问题，对我而言总是很艰难的——我感到茫然无措——我无意像无神论者那样论述。但是我必须声明，对于我们周围上帝的旨意和仁慈的证据，我的看法并不像其他人及我原本希望的那样简单。在我看来，世界上的苦难太多了。我无法说服自己相信，一位仁慈且无所不能的上帝会故意创造出姬蜂，好让其从活生生的毛虫体内吞食它们，又或是故意让猫玩弄老鼠。因为不相信这些，我也想不出又什么必要去相信眼睛也是上帝专门造出来的。另一方面，仅仅观察这个令人惊奇的世界——特别是人类的本性无法令我知足——也无法让我从中得出结论，认为任何事物不过是自然原力的结果。我倾向于认为任何事物皆为既定规律的结果，其中的细节不论好坏都与所谓的偶然性的作用有关联。这不是因为我对偶然性的概念感到满意。我深感宇宙的总体对于人类的智力而言太过深奥难解[487]。

昆虫和其他小型节肢动物的行为对于我们而言具有某种意义，我们可以明白这一点，但通常它们的行为与我们的行为之间相距太远，我们对它们只能感到些许转瞬即逝的同情。相比之下，脊椎动物，特别是热血脊椎动物——鸟类和哺乳动物——会通过一整套行为表达它们的情感，同样也能表达它们的痛苦，从这些行为中我们能感受到与这些动物之间存在默契。这种感觉存在生物学基础，对此，乔治·查普提尔（Georges Chapouthier）有过总结：

> 所以，人与许多哺乳动物，甚至与鸟类，在诸多方面并不存在根本的差别，比如与后代的情感关系，快乐或愤怒等情绪的表达，社会性别关系机制（与猴子略有差别，但很接

近），或是大部分的记忆机制[488]。

雅克·德里达（Jacques Derrida）对自己的猫[489]以及对自己在宠物面前裸身感到局促不安有过十分精彩的描述，这样的描述没法用在一只苍蝇或蚂蚁身上。作者对这种相互凝视的描述凸显了动物共同体的局限性，因为昆虫和其他小型陆生节肢动物都被排除在外。这种排除表明，如果说同情构成了人类对待动物时所持伦理态度的最显著来源，那么仅仅有同情是不够的，况且同情昆虫也特别难做到。

在人与动物关系领域引入司法用语可以被看作具有决定性意义的一步[490]。

1978 年 10 月，《动物权利全球宣言》（*Déclaration universelle des droits de l'animal*）在联合国教科文组织总部宣告诞生，经过修订，最终于 1990 年公布于众。《宣言》提出了一系列应当赋予动物的权利。它开宗明义地指出，所有生物都有共同的起源，肯定了人类尊重动物和人类之间相互尊重不可分割。《宣言》第一条提出"所有动物都在生物平衡的范围内平等地享有生存权"，但后面的句子对前一句进行了限定："这种平等并不掩饰物种和个体的多样性。"这样一句话包含了一个沉重的矛盾之处：一方面它肯定了对"任何动物生命"的尊重，但另一方面，各种具体的规定又只对脊椎动物才有意义。怎样才算是"适当地"（第三条）处理一只蚊子或蚂蚁的遗体？"法人"的概念（第九条）对一只螨虫或臭虫有意义吗？

为一系列的动物权利下定义，有利于给出一个形式框架，从而使伦理思考稍微接近专门的司法形式。但这并不是件容易的事。倒不是因为缺乏司法的专业技术，而是因为"动物"这个范畴包含的内容太过多样。在逻辑层面上，谈论动物其实是在谈论非人，这和谈论"非虎[491]"一样奇怪。德里达在《我所是的动物》（L'Animal que donc je suis）中写道："人类擅自将动物一词赋予"蜥蜴、狗、原生动物、海豚、蚂蚁、蚕等等完全不同的存在，所有这些"生物"之间都有着"无限的间隔"[492]。

因此才有了从契约角度思考这个问题的办法——把自然和人类视为订立契约的双方。米歇尔·塞尔（Michel Serres）在《自然契约》（Le Contrat naturel）（1990）一书中启发我们：

> 回归自然吧！这意味着：在纯粹的社会契约之外订立一个具有共生特点和相互性的自然契约，在这样的契约下，我们和事物的关系不再是控制和占有，而是心怀赞美的倾听，互利互惠，沉思与尊重[493]（……）。

米歇尔·塞尔预见到人们会反驳说，这样的契约根本无法签订，因此他预先回应道："古老的社会契约"同样也"未经说出和成文"，"从没有人见过它的原件甚至是副本"[494]。在这样的神话中——自然契约是一幅用来廓清某个隐晦问题的图景，因此在这个意义上它是一则神话——所有的自然形式都被考虑在内，但都是以宽泛的方式，没有特别关注某一特定的自然形式，因此也就没有专门提到昆虫。

凯瑟琳·拉莱尔（Catherine Larrère）和拉斐尔·拉莱尔（Raphaël Larrère）或许受了这种方法的启发，提出了"驯养契约"（contrat domestique）的概念（1997）[495]，但在提出概念的过程中，他们始终坚持扎根于日常生活。驯养契约涉及家畜或宠物。至于昆虫，差不多只涉及蜜蜂以及个人属性更少的蚕。菲利浦·马什奈（Philippe Marchenay）提到过为蜂群服丧的习俗，这便揭示了养蜂人与蜜蜂之间的契约联系[496]。于贝尔·杜普拉（Hubert Duprat）在石蛾身上完成的作品则体现了人与昆虫在共同的审美创造中达成的隐含契约：这些水生昆虫的幼虫通常会用细碎的石子或枯枝做成保护罩将自己包裹起来，而艺术家为它们提供了天然金块之类珍贵或奇特的材料，让它们做成的保护罩拥有了奇异的美感[497]。

在契约和宣告权利的基础上，人类拥有对于动物应尽的义务，对此，蒙田有句话说的好："我们从人类那里获得公正，从其他能够表现慈悲和善良的生灵那里获得这两个品质[498]。"

昆虫——以及其他陆生节肢动物——都属于肉眼可见的最小存在。它们也是技术和认知问题所能触及的最小存在。昆虫学家告诉我们蚂蚁如何找到最近的路或是蜜蜂如何建造出令人惊叹的几何形巢穴；他们为我们解释集体如何能做到单一昆虫无法完成的事情；他们向我们揭示了孔雀蛾夜晚的男欢女爱；他们带我们到蜂巢、蚁群和白蚁穴中发现某些可以称为社会性的现象；他们还为我们描绘了在求生和繁衍两种对立冲动驱使下的昆虫行为。

昆虫既不像热血脊椎动物（哺乳动物和鸟类）那样与我们相近，也不像植物那样与我们完全不同，不论是科学研究、美学创作还是哲学思考，都能见到它们的身影。

致谢

　　我要特别感谢安娜-玛丽·德鲁安-汉斯（Anne-Marie Drouin-Hans），她建议我用这个书名，并且在整个写作过程中陪伴在我身边。我还要感谢那些仔细阅读完整手稿的人，包括伯纳黛特·本索德-樊尚（Bernadette Bensaude-Vincent）、柯莱特·比奇（Colette Bitsch）、弗兰克·埃格顿（Frank Egerton）、让-雅克·勒维夫（Jean-Jaceques Levive）、吕克·帕塞拉（Luc Passera）、安妮·佩蒂（Annie Petit）和克里斯蒂妮·罗拉尔（Christinie Rollard）。本书的某些方面在我的一篇会议发言中已具雏形，劳尔·德萨特-格兰科拉斯（Laure Desutter-Grandcolas）曾就这篇发言为我提出一些建议。在昆虫学作为参与性科学方面，罗曼·朱利亚尔（Romain Julliard）给了我不少启发，帕斯卡尔·塔西（Pascal Tassy）审阅了第二章中涉及分类的地方。莫里斯·米尔格拉姆（Maurice Milgram）和伊莲娜·佩兰（Hélène Perrin）分别阅读了第五章和第六章；最后，帕特里克·布朗丹（Patrick Blandin）就蚝李虫的事例为我提供了更为精确的信息。杰克·吉夏尔（Jack Guichard）曾提示我们注意把蜂群比喻成王国这件事，本书便是对这一提示的回应。

注释

1 Fontenelle ［1709］1825，p. 210；Poupart 1704。

2 Darwin 1859，p. 216；Darwin 2008，p. 279；Darwin 2013，p. 222. 所有关于《物种起源》的注释都引自 2013 年的法译本。本条注释同时给出了 2008 年译本和 1859 年初译本的参考信息。

3 Lecointre et Le Guyader 2001，p. 318－319。

4 参见 Lamy 1997。

5 Buffon 1753，p. 92 和 Buffon 2007，p. 484。

6 Buffon 1753，p. 91 和 Buffon 2007，同上。

7 有关雷奥米尔，参见 Torlais 1961，Drouin 1987 和 Drouin 1995。

8 参见 Drouin 2008。

9 Platon 1950，《申辩篇》，30e。

10 参见 Buzzati 1998。

11《蚂蚁》是他的处女作。参见 Werber1991。

12 参见 Sleigh ［2003］2005。还可参见 Lhoste 和 Casevitz-Weulersse 1997。

13 参见同名电影与著作《微观世界》(*Microcosmos*)，（Nuridsany et Pérennou 1996），或是《昆虫的面孔》(*Visages d'Insectes*)（Vanden Eeckhoudt 1965）。

14 Siganos 1985。

15 Bizzé 2001。

16 参见 Drouin 2013，该书提到了一部分这些问题。

17 Michelet 1858，第 359 页。

18 Chinery［1973］1976，第 14 页。

19 这里所说的竹节虫学名为泰坦竹节虫（*acrophylla titan*）。

20 Chinery，同上，第 339 页。

21 我曾在探讨自然系统中整体和部分的问题时，阐述过本章中的某些观点。参见 Drouin 2007。

22 贝约（Peyo），原名皮埃尔·屈利福尔（Pierre Culliford），他于 20 世纪 50 年代在斯皮鲁（*Spirou*）杂志上刊登了这些微型人物。

23 今天的昆虫学家将蛛形纲和昆虫区分开来，但把它们和甲壳动物都归为节肢动物门，见下文，第二章。

24 Pascal 1954，《思想录》84.［*347.*］*sqq.*, p. 1105－1106. 译文参见《思想录》，帕斯卡尔著，何兆武译，商务印书馆，1985 年，第 30 页。——译注

25 关于帕斯卡尔和蛆虫，参见 Séméria 1985。

26 Swift［1726/1735］1954，part I, chap. II, p. 42。

27 这一估算符合达西·汤普森比较布罗卜丁奈格人和我们的步长得出的结果。Thompson 1992（［1917/1961］），p. 29；Thompson 2009［1994］，p. 55, n. 32. Swift［1726/1735］1954, part. II, chap. I, p. 88. 关于达西·汤普森的介绍，见下文。

28 Voltaire［1752］1960。

29 Carroll 1865 (fin chap. I, chap II, chap. IV)。

30 Latreille 1798, p. 24。

31 Mulsant 1830, p. 115。关于 Mulsant，参见 Perron 2006。

32 Michelet 1858, p. 133。

33 Hölldobler et Wilson［1994］1996, p. 134. 译文参考《蚂蚁的故事》，夏侯炳译，南海出版社，2001 年，第 122 页。——译注

34 Frisch［1953］1969. 关于卡尔·冯·弗里希（Karl von Frisch），参见他的自传，Frisch［1957］1987。

35 Frisch［1955］1959，p. 53。

36 Blanchard［1868］1877，p. 81。

37 Maeterlinck 1930，p. 206－209。

38 Delage 1913，科尔内茨在他的文章中误标为1912年，《蚂蚁的生活》延续了这一错误。关于德拉热，参见 Fischer 1979。

39 Maeterlinck 1930，p. 207。

40 Aristote 1997，VII，4，9，p. 229。

41 Aristote 1997，同上，10－11，p. 229。

42 Aristote 1997，同上，12，p. 229。

43 Haldane［1927］1985，p. 7－8。

44 Galilée［1638］1970，p. 9。

45 Galilée，同上。

46 Galilée，同上，p. 107－108. 对海洋动物情况的新的解释，可参见 Schmidt-Nielsen 1984，p. 48－49。

47 Galilée，同上，p. 106。

48 Schmidt-Nielsen 1984，p. 42－43. 同样的问题可参见 Picq 2003。

49 "Thompson 1992" 指的是1992年以袖珍本形式［剑桥大学出版社（Cambridge University Press）］再版的1961年的英文版（1917年版的缩减本）。"Thompson 2009" 指的是2009年收入瑟伊出版社（Seuil）"开放的科学"（Science ouverte）丛书中的法文版［该译本曾经于1994年由瑟伊出版社出版，当时被收入"知识之源"（Source de savoir）丛书］。

50 对这一理论的精彩综述可参见：Bouligand et Lepescheux 1998. 还可以在以下两处看到有关甲壳类动物形态演化的图示：Thompson 1992，p. 294 和 Thompson 2009，p. 298。

51 Thompson 1992，p. 15－48，Thompson 2009，p. 289。

52 关于乔治-路易·勒撒热（Georges-Louis Lesage 或写作 Le Sage，1724－180）和皮埃尔·普雷沃（Pierre Prévost，1751－1839），参见 Trembley 1987，p. 413 和 p. 427。

53 Rameaux et Sarrus 1838 – 1839, Rameaux 1858. 关于拉莫，参见 Arnould 1975。

54 Thompson 1992，p. 26；Thompson 2009，p. 52。

55 Thompson 1992，p. xi；Thompson 2009，p. 9。

56 引文参见 Cournot［1875］1987，p. 45 – 46。

57 有关原子各种理论的历史，参见 Bensaude-Vincent et Stengers，1993，p. 294 – 303。

58 Thompson 1992，p. 26；Thompson 2009，p. 52。

59 Poincaré 1908. 参见 Cornetz 1992。

60 Poincaré 1908，p. 96 – 97. 有关庞加莱和认识论问题，参见 Brenner 2003。

61 Schuhl 1947，p. 183。

62 和蛆虫一样，蜘蛛也不属于昆虫，而属于蛛形纲。

63 参见 Dudley 1998。

64 "有一则很可能是杜撰的故事，和著名的英国生物学家 J. B. S. 霍尔丹有关。故事讲道：有一次，霍尔丹碰到了一群神学家。神学家问他，通过他对万物的研究，人们可以对造物主的性质得出什么样的结论。据说霍尔丹这样回答他们：'（上帝）太喜爱甲壳虫了。'"这个故事的英文原文如下："*There is a story, possibly apocryphal, of the distinguished British biologist, J. B. S. Haldane, who found himself in the company of a group of theologians. On being asked what one could conclude as too the nature of the Creator from a study of his creation, Haldane is said to have answered, 'An inordinate fondness for beetles'*"（Hutchinson 1959，p. 146，note）. 类似的说法在霍尔丹本人所写的《生命是什么?》（*What is life?*）中也能找到："*The Creator would appear as endowed with a passion for stars, on the one hand, and for beetles* […] "（Haldane 1949，p. 258. 引文来自 Pascal Tassy 的个人发言）。

65 Lamarck［1809］1994，I, 1，p. 83。

66 Aristote 1994，IV, 7，p. 229。

67 有关昆虫概念的外延，参见 Daudin（1926 – 1927）b, vol. I，p. 299 – 375。

68 Réaumur 1734 – 1742，p. 58.《昆虫史论文集》共六卷，1742 年才全部出版完成。

69 Réaumur，同上，p. 29。

70 Réaumur，同上，p. 42。

71 Réaumur 1928, p. 14. 这篇长久未刊发的文章写于 1742 年前后，原本计划收入《昆虫史论文集》第七卷。它首次发表于 1926 年，由美国昆虫学家惠勒译为英文。惠勒当时在法国授课，他获得科学院主席欧仁・路易・布维耶（Eugène Louis Bouvier）的批准，可以查阅档案。而布维耶本人在 1928 至 1929 年间，和查理・佩雷斯（Charles Pérez）一起编辑出版了奥雷米尔的论文。参见 Réaumur 1926 和 Réaumur 1928。还可参见 d'Aguilar 2006, p. 54 – 56 和 p. 196。

72 Buffon 1749，t. I，p. 36。

73 参见 Winsor 1976。

74 Linné［1744］1758，p. 337 – 352. 这是 1744 年第四版《自然系统》在 1758 年的重印版，同年《自然系统》有了第十版。

75 欲回顾昆虫概念较早以前的历史，可参见 Emile Blanchard 著作的第二章（Blanchard［1868］1877）。在 d' Aguilar 2006 和 Ray Smith *et al.* 1973 两本书中，可以找到对昆虫学史总体情况较新的、详细的总结。想从传记角度了解法国的昆虫学史，可参见 Lhoste 1987 和 Gouillard 2004。要将昆虫学重新置于其他生态科学中，可以参考 Frank Egerton 的著作 2012b。还可参见他在《美国昆虫学学会通讯》（*Bulletin ESA*）上发表的多篇文章：Egerton 2005，2006，2008，2012a，2013。

76 Chappey 2009。

77 Chappey，同上，p. 258 – 259。

78 Chappey，同上. 今天我们把鼠妇归为等足甲壳动物。

79 Lamarck 1801，p. 36. 拉马克的著作可以通过以下地址在线查阅：http: // www. lamarck. cnrs. fr/. 有关拉马克和昆虫，参见 Brémond et Lessertisseur 1973.

80 有关蜘蛛的分类，参见 Canard 2008，以及 Rollard 和 Tardieu 2011。

81 Lamarck［1809］1994，p. 21。

82 Gillisipie，1997。

83 有关这一时期的理论争论，参见 Daudin（1926—1927）a 和（1926—1927）b，Appel 1987，Corsi 2001，Schmitt 2004，Drouin 2008。

84 Latreille 1810，p. 7 - 8 以及 p. 21. 有关拉特雷耶，参见 Dupuis 1974. 还可参见 Burkhardt 1973。

85 Latreille，同上，p. 12。

86 Chappey，同上，p. 258 - 259。

87 Cuvier［1810］1989, p. 245。

88 Cuvier，同上，p. 241。

89 Drouin 1998 - 1999。

90 Darwin 1859，p. 411 - 413；Darwin 2008, p. 481 - 484；Darwin 2013, p. 379 - 381。

91 Darwin1859，p. 413；Darwin 2008, p. 483 - 484；Darwin 2013, p. 381. 除特别标注外，《物种起源》的引文都来自瑟伊出版社的新译本，译者为蒂埃里·奥凯（Thierry Hoquet），在本书中标记为 Darwin 2013. Darwin 2008 指 GF 版，而 Darwin 1859 指英语初版。

92 Darwin 1859，p. 413；Darwin 2008, p. 484；Darwin 2013, p. 381. 达尔文没有指出这句格言的出处，在以下文献中可以找到：Linné［1751］1966, p. 119。

93 达尔文在相隔不远的后文中再次提到林奈的格言，并指出在分类过程中，常常会"考虑许多不起眼的、很难有决定性意义的相似点"，以此来解释林奈的格言，Darwin 1859，p. 417；Darwin 2008, p. 487；Darwin 2013, p. 384。

94 Darwin 1859，p. 425；Darwin 2008, p. 494；Darwin 2013, p. 391。

95 "*have been unconsciously seeking*" in Darwin 1859，p. 420；Darwin 2008, p. 490；Darwin 2013，p. 387。

96 Darwin 1859，p. 455；Darwin 2008, p. 527；Darwin 2013, p. 418.

97 有关达尔文和昆虫学，参见 Carton 2011。

98 Lecointre et Le Guyader (2001) 这一著作的导言部分对进化枝学作了词源学上的考察。相关内容还可参见 Pascal Tassy (1991)：*L'Arbre à remonter le temps* 以及 Claude Dupuis 发表在 *Cahiers des Naturalistes* 上的文章（Dupuis 1992）。还可参见 Grimaldi 2001。

99 Lévi-Strauss 2002（有关 Le Cointre 和 Le Guyader 2001 的内容）。

100 Hennig［1965］1987.

101 Hennig，同上，p. 11。

102 Hennig，同上，p. 13。

103 Hennig，同上。

104 Hennig，同上，p. 12。

105 Hennig，同上，p. 13。

106 有关弹尾目，参见 Thibaud 2010. 大家对缨尾目普遍缺乏了解。但其中的一种，学名蠹鱼（*Lepisma saccharina*），别名衣鱼、书虫，过去是我们家中的常客。

107 参见 Cambefort 2010，p. 12-16.

108 参见 Colette Bitsch 2013. 有关昆虫学上的艺术和科学，还可参见 Cambefort 2004。

109 Proust［1921］1954，t. II, p. 600 *sqq*。

110 德勒兹指出，普鲁斯特的作品中，符号的作用很重要。这一点也体现在这些有关博物学的讽喻中（参见 Deleuze［1964］1970）。

111 普鲁斯特在这里只提到米什莱的名字，我们可以猜想他暗指的是《海》第二卷第七章。

112 Massis 1924，p. 61。

113 Gouhier 1963，p. 185。

114 参见 Laurent Pelozuelo 2008。

115 Nodier［1832］1982. 有关诺迪埃的昆虫学家身份，参见 Magnin 1911。

116 Stephan Jay Gould［2002］2004，p. 60。

117 Jünger［1967］1969。

118 关于法布尔的一生，参见 Revel 1951, Delange 1989, Delange *et al*. 2003, Cambefort 1999, Tort 2002. 关于法布尔与莱昂-杜富尔（Léon Dufour）的通信可参见 Duris 1991。他与出版商夏尔·德拉格拉夫（Charles Delagrave）的通信可参见 Cambefort 2002。

119 有关"发现叙事"的概念，参见 Carroy 和 Richard 1998.

120 Fabre 1925，7ᵉ série, chap. XXIII. (Fabre［1925］1989, vol. II, p. 425)。

121 Fabre 1925，同上 (Fabre［1925］1989，同上，p. 430)。

122 Egerton 2013，p. 46-47。

123 Karlson 和 Lüscher 1959. 有关信息素概念的历史，参见 Pain 1988 和 Dupont

2002。

124 Cocteau 1963，p. 5。

125 Proust [1913] 1954，t. I，p. 124. 译文引自周克希译，《追寻逝去的时光》，第一卷，《去斯万家那边》，人民文学出版社，2010 年，第 129 页。——译注

126 有关昆虫学家杜福尔，参见 Duris et Diaz 1987 和 Duris 1991。

127 Fabre 1855，p. 131。

128 Fabre 1855，同上，p. 138 - 139。

129 Fabre 1855，同上，p. 140。

130 Fabre 1925，2ᵉ série, chap. XI, p. 202. (Fabre [1925] 1989, vol. I, p. 424)。

131 Fabre 1925，同上，p. 203 (Fabre [1925] 1989, *id*.)。

132 Fabre 1925，3ᵉ série, chap. XII, p. 256. (Fabre [1925] 1989, vol. I, p. 648)。

133 参见 Douzou 1985，p. 101，Remy de Gourmont 1903 和 Caillois 1934. 还可参见 Remy de Gourmont [1907] 1925 - 1931。

134 Fabre 1925，5ᵉ série, chap. XIX, p. 330. (Fabre [1925] 1989, vol. I, p. 1104 - 1105)。

135 Fabre 1925，同上，p. 331 (Fabre [1925] 1989，同上，p. 1105)。

136 Fabre 1925，同上，p. 332 (Fabre [1925] 1989，同上，p. 1106)。

137 有关这一问题较为晚近的参考资料，参见 Judson 2006。

138 Fabre 1925，9ᵉ série, chap. XXI et XXII, p. 317 - 345. (Fabre [1925] 1989, vol. II, p. 832 - 847)。

139 Fabre 1925，同上，p. 331 (Fabre [1925] 1989，同上，p. 839)。

140 Fabre 1925，同上，p. 326 (Fabre [1925] 1989，同上，p. 837)。

141 Lourenço 质疑蝎子存在雌性有规律捕食雄性的现象（参见 Lourenço 2008）。

142 参见 Siganos 1985。

143 参见 Frisch [1953] 1969，p. 230 - 232，以及 Chinery [1973] 1976，p. 307 - 310. 还可参见 Villemant 2005。

144 Fabre 1925，8ᵉ série, chap. VIII, p. 140 - 141. (Fabre [1925] 1989, vol. II, p. 528)。

145 Fabre 1925，同上 (Fabre [1925] 1989，同上，p. 529).

146 Fabre 1925，1ᵉ série, chap. I, p. 13. (Fabre [1925] 1989, vol. I, p. 130 -

132）。

147 拉封丹生平及作品的总体介绍参见 Népote-Desmarres 1999.

148 Réaumur 1928，p. 31 - 32。

149 Hölldobleret Wilson［1994］1996，p. 216 - 217。

150 Moggridge 1873。

151 Fabre 1925，5ᵉ série, chap. XIII, p. 229 - 243.（Fabre［1925］1989，vol. I, p. 1052 - 1060）。

152 Fabre 1925，6ᵉ série, chap. XIII.（Fabre［1925］1989，vol. II, p. 124 - 133）。

153 Fabre 1925，同上（Fabre［1925］1989，同上，p. 124）。

154 Fabre 1925，8ᵉ série, chap. VIII, p. 140 - 141.（Fabre［1925］1989，vol. II, p. 529）。

155 有关决斗的例子可参见 Fabre 1925，3ᵉ série, chap. XII, p. 256.（Fabre［1925］1989，vol. I, p. 648）和 Fabre 1925，2ᵉ série, chap. XIX, p. 202 - 203.（Fabre［1925］1989，vol. I, p. 424）。有关螳螂的"爱情"故事，参见 Fabre 1925，5ᵉ série, chap. XIX, p. 327 - 333.（Fabre［1925］1989，vol. I, p. 1103 - 1106）。

156 Lamore 1969。

157 Fabre 1925，10ᵉ série, chap. V, p. 76.（Fabre［1925］1989，vol. II, p. 913）。

158 Revel 1951。

159 Fabre 1925，6ᵉ série, chap. XIII, p. 243.（Fabre［1925］1989，vol. II, p. 132）。

160 Fabre 1925，5ᵉ série, chap. X.（Fabre［1925］1989，vol. I, p. 1027 - 1034）。

161 Fabre 1925，10ᵉ série, chap. I, p. 14 - 15.（Fabre［1925］1989，vol. II, p. 882）。

162 Fabre 1925，6ᵉ série, chap. XIII, p. 244.（Fabre［1925］1989，vol. II, p. 132）。

163 Fabre 1925，3ᵉ série, chap. XII, p. 262.（Fabre［1925］1989，vol. I, p. 651）。

164 Compagnon 2001. 也可参见 Donald Lamore 对法布尔描述蜘蛛的文本所作的文体分析，这对了解法布尔作品风格的全貌很有启发（Lamore 1969）。

165 Utamaro［1788］2009. 有关远东的艺术，参见 Lhoste 和 Henry 1990。

166 Pelozuelo 2007. 还可参见 Lestel［2001］2003；Cambefort 2010。

167 小说出版于 1964 年，电影同年上映。

168 一些医生是昆虫学爱好者，有关他们的介绍参见 Gachelin 2011。关于业余昆虫学家，可参见 Yves Delaporte 1987 和 1989。关于业余博物学者，参见 Bensaude-Vincent 和 Drouin 1996。关于一般的业余爱好者，参见 Cohen et Drouin 1989。

169 有关昆虫学这门职业，参见 Didier 2005。

170 参见《混合》(*Alliage*) 杂志有关业余爱好者的专号。特别是其中两篇文章：Chansigaud 2011 和 Drouin 2011 (Collectif 2011)。

171 Mulsant 1830. 参见 Lhoste 1987，p. 66 - 70. 也可参见 Perron 2006（在线）。

172 Pinault-Sørenson, 1991。

173 Grassé *et al*. 1962, p. 22, 99, 132, 162, 167. 需要注意的是，马西利这个姓既可以拼为 Marsilly，也可以拼为 Marsigli。

174 Sigrist, Barras 和 Ratcliff 1999, p. 34 - 38。

175 参见 Cambefort 2006. 此外，科普文学中使用"散步"一词，强调了这些活动兼有休闲和知识获取的特点。比如 M. V. O. （无名氏）［1838］1855。

176 参见 *La Libellule et le Philosophe*，Cugno 2011。

177 关于参与式科学，Romain Julliard 和 Florian Charvolin 的研究成果尤其值得关注。

178 Virgile 1994 *Géorgiques*，livre IV，v. 1 - 5，p. 58. 参见 Albouy 2007 和 Raulin-Cerceau 2009, p. 11 - 18.

179 欲对比这些描述和我们现有的知识，参见 Aron et Passera 2000。

180《圣经·箴言》6, 6 - 10。

181 想要大致了解人们对蜜蜂性别的看法经历了怎样的发展历程，参见 Maderspacher 2007。

182 Xénophon，［1949］2008, chap. VII, 32 - 35, p. 69。古希腊语原文用的词是 hégémon，指"首领"，带有阴性冠词，并没有用意指"女王"的 basilea。译文参考《经济论雅典的收入》，张伯健，陆大年译，商务印书馆，1981 年，第 25 页。——译注

183 对亚里士多德有关蜜蜂的概念阐发，有人用人类学的方法进行过研究，比如

Jean-Pierre Albert 内容丰富、极具启发性的研究（Albert 1989）。

184 Aristote 1994，livre IX，chap. XL. 还可参见 livre V，chap. XXI 和 XXII。

185 Aristote 2002，livre III，chap. X，758b – 759b。

186 Pline 1848 – 1850，livre XI，chap. IV. 译文为译者根据法文译文译出。——
译注

187 Pline，同上，chap. XXVII. 译文为译者根据法文译文译出。——译注

188 Butler 1609，前言，未标出页码。

189 « [*The Drone*] *is but an idle companion, living by the sweat of other brows*"，
Butler 1609，chap. IV.

190 Butler 1609，chap. IV. 有关蜜蜂的形象及 16、17 世纪的英国对蜜蜂所作的政治
学阐释，阅读以下两部精彩的研究对读者会有帮助：Frederick R. Prete 1991 和
Mary B. Campbelle 2006。

191 参见前文，第三章和本章的开头。

192 原文及出处如下："Tout fourmille de commentaires; d'auteurs, il en est grande
cherté", Montaigne, *Essais*, 1588, livre III, chap. XIII (Garnier 版第 520 页；
参见 Montaigne 1962)。(译文"注释密密麻麻，注释作者多如牛毛"引自《蒙
田随笔全集》（下卷），陆秉慧，刘方译，译林出版社，1996 年，第 344
页。——译注)

193 雷奥米尔说这个观点来自卡丹（Cardan）。参见 Réaumur 1928，p. 49。

194 法文译文出自 Cervantèse，*L'Ingénieux Hidalgo Don Quichotte de la Manche*，
traduction de Louis Viardot，Paris，Club français du livre，1966，livre II，
chap. XXXIII et LIII. 《堂吉诃德》的引文汉译引自《堂吉诃德》（下），杨绛
译，第三十三章，第五十三章，《塞万提斯全集》（第七卷），人民文学出版
社，第 243 页，第 381 页。——译注。参见 Drouin 1987。

195 有关蜜蜂的生物学历史，参见 Caullery 1942。

196 Swammerdam 1758，p. 96。

197 雷奥米尔使用了这个说法，并称这一说法来自斯瓦默丹。参见 Réaumur 1928，
p. 47 – 48。

198 Swammerdam 1758，p. 187。

199 参见 Fontenelle（[1686] 1990）。

200 Mandeville［1714］1990. 英文标题为 *The Fqble of the Bees，or Private vices，Public Benefits*. Smith［1776］2009，livre IV，p. 146。

201 Mornet 1911。

202 Pluche 1732，p. 179。

203 Pluche 1732，p. 180。

204 依据 d'Aguilar 2006，p. 54 – 56 和 p. 196。

205 见上文，第二章。

206 有关于贝尔父子，参见 Cherix 1989。

207 参见 Buscaglia 1987，p. 304 – 305。

208 关于奴役，见本章之后的部分。皮埃尔·于贝尔的著作 1820 年译为英文。

209 长兄是制宪会议议员，编写过一部国民教育计划，因为赞成处死国王路易十六而被保皇党人暗杀；另一位兄长因为支持巴伯夫（Babeuf）而被迫流亡（Lhoste 1987，p. 133）。

210 Lepeletier de Saint-Fargeau 1836，p. 231。

211 参见 Smeathman 1786。

212 读者可以从现在的科学著作中找到有关这些分类问题的解释（Jaisson 1993；Passera 1984）。

213 近期有多篇文章，尤其是劳尔·德萨特-格兰科拉斯（Laure Desutter-Grandcolas）的几篇，探讨了直翅目昆虫鸣叫的种系发生学过程。参见 Desutter-Grandcolas 和 Robillard 2004（线上）；Robillard 和 Desutter 2008（线上）。

214 参见 Drouin 1992 和 Drouin 2005。

215 有关米什莱与昆虫学，参见 Jolivet（Gilbert）2007 和 Marchal 2007。

216 Michelet 1858，p. 375。

217 埃里克·福凯（Eric Fauquet）在他所写的米什莱传记中指出了这些书在商业上的成功（参见 Fauquet 1990，p. 384 – 392）。

218 许多关于米什莱作品的研究都注意到他的博物学文章。特别是罗兰·巴特的论文，另有琳达·奥尔（Linda Orr）或爱德华·卡普兰（Edward K. Kaplan）的研究（Barthes 1954；Orr 1976；Kaplan 1977）。乔治·居斯多夫（Georges Gusdorf）在他的著作《自然的浪漫知识》（*Le Savoir romantique de la*

Nature）当中甚至辟出专章讨论米什莱作品的这一方面，他把这位法国作家看作是德语中所谓的"自然哲学家"（*Naturphilosoph*）（Gusdorf 1985, p. 278）。

219 Michelet 1858, p. xxxix。

220 有关艾斯比纳斯，参见 La Vergata 1996。

221 Espinas［1878］1977, p. 70. 有关艾斯比纳斯的思想，参见 Feuerhahn 2011 和 Brooks 1998。

222 奥古斯特·弗雷尔出生于日内瓦湖畔的莫尔日。他既是一名精神科医生，也是一位昆虫学家。参见 Sartori 和 Cherix 1983，以及 Pilet 1972。想要深入了解弗雷尔摇摆不定的政治立场，可参见 Tort 1996 和 Jansen 2001b。也可参见 Lustig 2004。

223 有关梅特林克，参见 Bailly 1931 和 Gorceix 2005。

224 Duchesne 和 Macquer 1797, p. 7。

225 Huber（Pierre）1810, p. 289 – 314。

226 Lacène 1822, p. 25. 对于这位名叫安托万·拉塞纳（Antoine Lacène）的作者，我们只知道他写了两篇有关养蜂术的论文。两篇文章均发表在里昂。

227 Lepeletier de Saint-Fargeau 1836, p. 136。

228 Michelet 1858, p. 357 – 358。

229 Huber（Pierre）1810, p. 307。

230 Daubenton dans Guyon 2006, p. 424, p. 429。

231 Latreille 1798, p. 30。

232 Hubert（Pierre）1810, p. 303。

233 Lepeletier de Saint-Fargeau 1836, p. 35, p. 340。

234 Hubert（Pierre）1810, p. 309。

235 Delille 1808, p. 166。

236 要了解乔治·杜梅齐尔（Georges Dumézil）对社会的三分法如何被用来分析封建时代的情形，可参见雅克·勒高夫（Jacques Le Goff）的分析（Le Goff 1964, p. 319 – 329）。

237 Latreille 1798, p. 16。

238 Latreille 1798, p. 17。

239 Huber (Pierre) 1810, p. 301。

240 这个说法隐含了 1760 至 1770 年间亚当·戈特洛布·希拉赫（Adam Gottlob Schirach）发现的事实：在一个没有女王的蜂巢，蜂王可以从工蜂的幼虫中产生。这一发现得到了弗朗索瓦·于贝尔的证实。

241 关于图斯内尔的反闪米特主义立场，参见 Poliakov 1968, p. 383 – 384。

242 Toussenel 1859, p. 58 – 66. 有关图斯内尔，参见 Rigol 2005 和 Crossley 1990。还可参见 Roman 2007。

243 或可参见 Passera 1984, p. 88, 96, 114, 240; Jaisson 1993, p. 143; Höldobler 和 Wilson [1994] 1996, p. 146。

244 Huber (Pierre) 1810, p. 308 – 309。

245 Lepeletier de Saint-Fargeau 1836, p. 340。

246 Michelet 1858, p. 275。

247 Michelet 1858, p. 275 – 289。

248 蚂蚁的奴隶与蚂蚁的内战一样，都是比喻的说法，因为这里涉及不同种类的蚂蚁。

249 Hubert (Pierre) 1810, p. 210.

250 Hubert (Pierre) 1810, p. 258. 弗雷尔是于贝尔的忠实读者，他认为黑灰色蚂蚁属于丝光褐林蚁（*Formica fusca*），充当矿工的蚂蚁属于红须蚁（*Formica rufibarbis*），而"亚马逊女战士"则属于橘红悍蚁（*Polyergus rufescens*）（Forel 1874, p. 102 – 103）。有关蚂蚁群体中奴役现象的新研究，参见 Passera 1984, p. 89 及之后的部分。也可参见 Passera 2006。

251 Hubert (Pierre) 1810, p. 258。

252 Virey 1819。

253 Lepeletier 和 Saint-Fargeau 1836, p. 100。

254 Lepeletier de Saint-Fargeau, 同上。

255 Quatrefages 1854, p. 237 – 238。

256 1998 年出版的 1856 至 1857 年间的通信证实了米什莱在撰写《虫》时，很注重参考皮埃尔·于贝尔的书（Michelet 1998, p. 379 – 380）。

257 Michelet 1858, p. 260。

258 Michelet 1858, p. 262。

259 Michelet 1858，p. 272。

260 Barthes 1954，p. 35。

261 Berthelot 1886，p. 172 - 184. 有关马塞兰·贝特洛的科学与哲学，参见 Petit 2007。

262 Berthelot 1897. 贝特洛也研究过黄蜂，参见 Berthelot 1905。

263 参见 Darwin 1859，p. 219 - 224；Darwin 2008，p. 282 - 287；Darwin 2013，p. 224 - 229. 有关于贝尔作品的英译和对达尔文的阅读，参见 Clark 1997。

264 « [...] *so extraordinary and odious an instinct as that of making slaves*», Darwin 1859，p. 220；Darwin 2008，p. 282；Darwin 2013，p. 224 - 225。

265 Fabre 1925，6ᵉ série, chap. XIX, p. 335 - 356. (Fabre [1925] 1989, vol. II, p. 177 - 188)。

266 Fabre 1925，同上，p. 335. (Fabre [1925] 1989，同上，p. 177).

267 Fabre 1925，同上，p. 349 - 350. (Fabre [1925] 1989，同上，p. 185 - 186).

268 Darwin 1859，p. 218.

269 Darwin 1871，vol. I, p. 364. Darwin 1999，p. 392. 关于这句话出现的场合及两位博物学家的关系，参见 Tort 2002, p. 147 - 168；也可参见 Yavetz 1988 和 1991。

270 Fabre 1925，2ᵉ série, chap. VII, p. 105. (Fabre [1925] 1989, vol. I, p. 372)。

271 Fabre 1925，同上 (Fabre [1925] 1989，同上)。

272 Fabre 1925，5ᵉ série, chap. XIX, p. 333. (Fabre [1925] 1989，同上，p. 1106)。

273 参见 Tort 2002，p. 263。

274 Maeterlinck [1901] 1963，p. 213。

275 Kropotkine 1979，p. 11 - 20. 也可参见 p. 327 - 336. 英文原版见于 1902 年。

276 Maeterlinck [1901] 1963，p. 233。

277 Amouroux 2007. 参见 Delves Broughton 1927 和 1928。

278 参见 Petit 1988, Petit 1991, Petit 1999。

279 Bergson [1907] 1962，chap II, p. 173 - 174。

280 Bergson，同上，p. 174. 柏格森列出的参考文献信息如下：« Peckham, *Wasps, solitary and social*, Westminster, 1905, p. 28 et suiv. » 这个文本有一个在线版本可以查阅，该版本由生物多样性遗产图书馆（BHL）提供：

〈http：//www. biodiversitylibrary. org/item/17996＃page/10/mode/lup〉。

281 Bergson［1907］1962, chap. II, p. 135。

282 Bergson［1919］1964, p. 26。

283 Bergson［1932］1962, p. 283。

284 参见下文第七章。

285 Ruelland 2004, p. 64。

286 可参见 Réaumur 1928, p. 80 - 81。

287 Latreille 1798, p. 5。

288 Dorat-Cubières 1793, p. 19 - 20. 该文于 1792 年在"平等高中"（Lycée de l'égalité）宣读。

289 拉朗德明确指出了不同社会类型的具体内容，他依据的是动物学家埃德蒙·佩里尔（Edmond Perrier）对不同社会类型的解读。

290 Durkheim［1922］1968, p. 42 - 43。

291 参见 Jansen 2001b。

292 Bouvier 1926, p. 170 - 171。

293 Favarel 1945, p. 236。

294 "动物交流与人类语言"（Communication animale et langage humaine），Beneniste 1966, p. 56 - 62, 该文于 1952 年首次发表在《第欧根尼》（*Diogène*）杂志上。也可参见 Frisch［1957］1987。

295 Benveniste 1966, p. 59。

296 Marx［1867］1969, livre I, chap. V, p. 139. 弗朗索瓦·密特朗（François Mitterand）的书《蜜蜂与建筑》（*L'Abeille et l'architecte*）标题参考了卡尔·马克思的这篇文章。《资本论》译文引自卡尔·马克思著，中共中央马克思、恩格斯、列宁、斯大林著作编译局编译，《资本论》第一卷，第五章，人民出版社，2004 年，第 202 页。——译注

297 参见"维基百科"（Wikipedia）词条"蛛网"。

298 在其他神话里，蜘蛛的命运会更加幸福。关于这一方面及其他许多和蜘蛛有关的内容，参见 Rollard 和 Tardieu 2011, p. 156 - 161。

299 Fabre 1925, 9e série, chap. X（Fabre［1925］1989, vol. II, p. 736）。

300 有关对数螺线，参见〈http：//www. mathcurve. com/courbes2d/logarithmic/

logarithmic. shtml〉。

301 Fabre 1925，9ᵉ série, chap. X (Fabre〔1925〕1989, vol. II，p. 736)。

302 他自己回顾了个人著作中的一章"昆虫的几何学"：Fabre 1925，8ᵉ série, chap. XVIII，p. 303 – 318. (Fabre〔1925〕1989，p. 612 – 620)。

303 Thompson 1992, p. 107 – 125. Thompson 2009, p. 125 – 139。

304 Darchen 1958. 也可参见 Prete 1990。

305 Pappus〔1932〕1982, p. 237 – 239。

306 Ray〔1717〕1977, p. 132 – 133。

307 Réaumur 1740，livre V, 8ᵉmémoire, p. 398 – 399。

308 Dew 2013。

309 Maraldi〔1712〕1731, p. 307。

310 Koenig 1740, p. 356. 数学上对这一运算的解释可参见 Bessière 1963。

311 Koenig 1740, p. 360。

312 *Id.*，同上。

313 莱布尼茨对光线从"一个环境进入另一个密度不同的环境"经过的路径的解释，也被柯尼希作为例子，说明在物理问题上诉诸终极原因的做法。莱布尼茨的解释涉及光学上有名的折射原理问题。在柯尼希和莫佩尔蒂 (Maupertuis) 有关**最小作用量原理** (Principe de moindre action) 的激烈争论中，这个问题与理论上的力学问题联系在一起。柯尼希认为最小作用量原理是莱布尼茨发现的，指责莫佩尔蒂窃取了这一发现，他的说法依据的是莱布尼兹写给赫尔曼 (Hermann) 的一封信；而莫佩尔蒂反过来指责柯尼希捏造了事实。伏尔泰也参与到争论中，他支持柯尼希的说法，因此受到支持莫佩尔蒂的弗雷德里克二世 (Frédéric II) 的敌视。(要了解这一事件的详情，可参见 Badinter 1999；Radelet de Grave 1998；Bousquet 2013。)

314 Fontenelle 1741, p. 35。

315 Huber (François)〔1792〕1796, p. 112。

316 *Id.*，同上。

317 Buffon 1753, p. 98。

318 *Id.*，同上。

319 Buffon 1753, p. 99. 从几何角度对水晶所作的研究，可参见 Haüy 1792。

320 Darwin 1859, p. 224 - 225; Darwin 2008, p. 287 - 288; Darwin 2013, p. 228 - 229。

321 Darwin 1859, p. 226 - 227; Darwin 2008, p. 289 - 290; Darwin 2013, p. 230 - 231。

322 1858 年 5 月 14 日威廉·米勒写给达尔文的信, Darwin 1991. 有关十二面体, 也可参见 Haüy 1792。

323 "在法布尔的作品中, 蚂蚁的地位依旧是个很大的谜题。蚂蚁在法国南部随处可见, 它们繁多的种类也提供了无穷无尽可供研究的行为, 而且它们的社会生活方式极端复杂, 对热衷于对比动物和人类及人类社会的法布尔来说, 这些本来都可以成为取之不竭的思想源泉, 但实际上, 蚂蚁作为社会性昆虫在法布尔那里却是缺失的。我们还会发现, 作为社会性昆虫, 蜜蜂和黄蜂是昆虫学家、社会生物学者和进化论学说支持者感兴趣的对象, 但它们在法布尔那里也没有得到应有的重视。"(Gomel, 2003)

324 Exode 31, 5 - 6。

325 Lesser 1742, vol. I, p. 348. 这个人物姓名的拼写已经更改。

326 夏洛特·斯莱在题为 "机器还是蚂蚁?" (Sleigh 2005, p. 143 - 166) 一章中, 分析了本能概念和生物的机械论观点之间的联系。

327 Darwin 1859, p. 207 - 208; Darwin 2008, p. 269 - 270; Darwin 2013, p. 215 - 216。

328 Darwin 1859, p. 209; Darwin 2008, p. 271; Darwin 2013, p. 216。

329 Darwin 1859, 同上。

330 Fabre 1925, 6ᵉ série, chap. XVIII (Fabre [1925] 1989, vol. II, p. 40)。

331 Marais [1926] 1927, p. 144。

332 Maeterlinck [1926] 1927, p. 144。

333 这个新的术语表达的是旧有的意思。要了解惠勒以前这种类比的发展史, 可参见 Perru 2003。关于有机主义哲学, 参见 Schlanger 1971。

334 Wheeler 1926, p. 375. 特罗拉兹和博纳博对这一问题的历史性分析很有启发性, 参见 Theraulaz 和 Bonabeau 1999。

335 有关威尔逊, 参见下文第七章。

336 Wilson 1984。

337 Chauvin 1974，p. 71。

338 有关这些现象，参见前文第三章。

339 Grassé 1959，p. 65（引自 Theraulaz 和 Bonabeau 1999，p. 102）。

340 Bonabeau 和 Theraulaz 2000，p. 68. 也可参见 Becker, Goss, Deneubourg, Pasteels 1989。

341 Gordon 1996. 夏洛特·斯莱的分析对于我们了解戈登和威尔逊之间的争论很有帮助。

342 有关 *swam intelligence*，参见 Miller（Peter）2007。

343 参见 Deneubourg *et al.* 1991。

344 Bonabeau 和 Theraulaz 2000，p. 69。

345 参见 Alaya, Solnon 和 Ghedira［2005］2007. 正如文章摘要解释的那样，"目的是在服从某些资源限制的条件下，选出能够将给定的功能最大化的对象子集"。

346 Gordon 2007（本书原作者由英语译为法语——译注）。英语原文如下：« *Life in all its forms is messy，surprising and complicated. Rather than look for perfect efficiency，or for another example of the same process observed elsewhere，we should ask how each system manages to work well enough，most of the time，that embryos become recognizable organisms，brains learn and remember and ants cover the planet.* »

347 Atlan 2011，p. 176。

348 同上，p. 78。

349 Blanchard［1868］1877，p. 14 - 15. 也可参见 Fabre［1873］1922。

350 有关司法昆虫学，参见 Gaudry 2010 和 Benecke 2001。

351 Bachelard［1938］1969，p. 199 - 200。

352 Descartes［1641］1953，«Méditation seconde»，p. 279。

353 Descartes，同上，p. 280。

354 有关养蜂术的历史，参见 Gould（James）& Gould（Carol）［1988］1993，p. 8 - 25. 蜜蜂也被叫作"蜜蝇"（Mouches à miel）。欧洲野生动植物杂志《灰林鸮》（*La Hulotte*）曾有一本两期合刊（2010 年下半年，28—29 期），专门介绍蜜蜂。杂志编者就用"蜜蝇"这个幽默的说法来为这期杂志命名。参见

Démon［1975］2010.

355 参见 Favier 1991. 也可参见 Huyghe 和 Huyghe 2006，p. 157 - 183。

356 Serres（Olivier de）［1600］2001，p. 713。

357 Serres（Olivier de）［1600］2001，p. 710 - 770。

358 关于亨利四世时期的法国，参见 Duby 1971, vol. II, chap. III 和 IV，特别是 p. 98 - 110 以及 p. 122 - 130。

359 Fabre 1925，9ᵉ série, chap. XXIII, p. 347 - 348。

360 Perrin 2008，2009；Sleigh［2003］2005, Cambefort 1994。

361 Barataud 2004 这本书概述了近期的一些研究成果，特别是罗兰·卢波利（Roland Lupoli）的研究。参见 Lupoli 2011。

362 La Bible 1973，p. 162。

363 参见 1973 年《圣经》中《出埃及记》的导言部分，La Bible 1973, p. 135 - 143. 有些研究尝试在《出埃及记》中找出有关昆虫的记述，比如 Courtin 2005a 和 Courtin 2005b. 也可参见 Albouy 2006。

364 参见 Carton, Sørensen, Smith（Janet）et Smith（Edward）（2007）。

365 参见《寄生虫学》（*Parassitologia*）杂志《昆虫与疾病》（*Insects and Illness*）专刊中的各篇文章（Coluzzi, Gachelin, Hardy 和 Opinel 2008）。

366 1820 年，皮埃尔·佩尔蒂埃（Pierre Pelletier）和约瑟夫·卡旺图（Joseph Caventou）从金鸡纳树中提取出奎宁。它在很长时间里是医治疟疾的唯一药物。

367 Ross 1902. 有关这一领域中的数学倾向，参见 Mandal, Sarkar 和 Somdata 2011. 也可参见 Smith（D. L.）*et al*. 2012。

368 Latour 1984，p. 127 - 130。

369 Ghosh［1996］2008。

370 参见 Delaporte（François）2008。

371 Ross 1902。

372 Lotka, 1925, p. 81 - 83. 也可参见 Israel 和 Millan Gasca（éd.）2002.

373 Volterra 和 d'Ancona 1935，p. 10 - 11。

374 参见 Sharon Kingsland 1985。

375 D'Aguilar，引自 Robert 2001，p. 26 - 27。

376 Jourdheuil, Grison 和 Fraval 1991。

377 参见 Jansen 2001a。

378 有关哈伯，参见文章 Bretislav［2005－2006］. 也可参见"维基百科"对 "Fritz Haber"的介绍。要从化学史角度认识哈伯，参见 Bensaude-Vincent 和 Stengers 1993，p. 229，230，247。

379 参见 Aguilar2006，p. 143。

380 Dajoz 1963，p. 133－135。

381 有关里雷，参见 Acot 1981a 和 1981b; Acot 1998，p. 160－162. 也可参见 Egerton 2013。

382 参见 Jourdheuil, Grison 和 Fraval 1991，p. 39。

383 Carton，Sørensen，Smith (Janet) 和 Smith (Edward) (2007)。

384 参见 Perrin 2010。

385 参见 Jolivet (Paul) 1991。

386 Théophraste 2003，t. I, livre II, chap. VIII，§ 4，p. 66。

387 Camerarius 1694。

388 参见 Hoquet (dir.) 2005。

389 Linné [1751] 1966. 第五章题为 "Sexus"，涵盖第 86－96 页。

390 Dobbs 1750. 多布斯用的是 "farina"，而不是 "pollen"。这两个词在拉丁语中都指面粉。

391 关于菲利普·米勒，参见 Magnin-Gonze [2004] 2009，Elliott 2011。

392 Miller (Philipp) 1759 (本书原作由英语译入法语)。

393 Sprengel 1793. 参见 King 1975. 也可参见 Magnin-Gonze [2004] 2009，p. 160。

394 Gedner [et Linné]，"à quoi cela sert-il?" [1752]，收录于 Linné 1972, p. 149－150. 林奈被认为是自己学生论文的真正作者 (Stafleu 1971, p. 143－155)。

395 这篇论文刊登在《学术之乐》(*Amoenitates Academicae*) 第三卷，后来卡米耶·利莫日 (Camille Limoges) 将这篇文章和另外四篇林奈的论文合编在一起，这些文章涉及自然的方方面面。Linné 1972，p. 145 (注释)。

396 想了解自然神学如何将昆虫学作为工具，可参见 Kirby 和 Spence 1814。

397 关于这个主题，参见 Drouin [1991] 1993。

398 Cugno 2011。

399 Barbault 和 Weber 2010，p. 48。

400 参见 Vincent Valk，"爱因斯坦是生态学家?"（Albert Einstein Ecologist?），载《Gelf Magazin》，2007 年 4 月 25 日〈http：//www. gelfmagazine. com/archives/ albert _ einstein _ ecolgoist. php〉。

401 对这一问题的客观评估，参见 Barbault 和 Weber，2010，p. 47 - 49。

402 Natura 2000 是一个欧洲生态网络，其成员国承诺对那些动植物自然栖息地所在的地区给与适当的保护。

403 参见网站〈http：//www. patrickblandin. com/fr/conservation-de-la-nature〉。

404 同上。

405 Patrick Blandin，个人发言。

406 参见 2002 年 10 月 25 日周五《官方日志》上有关 2002 年 10 月 24 日会议的记录。线上文本：〈http：//www. assemblee-nationale. fr/12/cri/2002-2003/ 20030034. asp〉。

407 参见 Beurois 2001。

408 Borges 1989，p. 225. Borges 1999，p. 57。

409 Rousseau［1762］1969，livre V，p. 772。

410 Rousseau，同上。

411 Bernardin de Saint-Pierre［1784］1840，p. 137 - 138. 有关贝尔纳丹·德·圣皮埃尔、卢梭和自然史陈列馆，参见 Drouin 2001。

412 D'Aguilar，引自 Robert 2001，p. 25。

413 Bates 1862，p. 502。

414 Bates 1862，p. 514 - 515（原书作者由英语译为法语——译注）。

415 参见 Drouin et Lenay 1990，p. 63 - 69。

416 Wallace［1889］1897，p. 239 - 240（原书作者由英语译为法语——译注）。参见 Egerton 2012a；Egerton 2012b，p. 170。

417 Carton 2011，p. 127 引用了达尔文的这封信。

418 Fischer & Henrotte 1998。

419 Punnett 1915，p. v - vi。

420 让·加永（Jean Gayon）就这段历史写过一则清楚而简要的介绍（Gayon 1992，p. 373 - 375）。也可参见 Cook 2003。

421 Jeannel 1946，p. v – vi。

422 Deutsch 的著作对遗传学概念史作了新的且深入的总结，参见 Deutsch 2012。有关果蝇，参见 Galperin 2006 和 Gayon 2006。

423 Drouin 1989。

424 Morange 1994，p. 24。

425 Golding 1954. Kohler 1994. 和科勒相同的主题，也可参见 Bousquet 2003。

426 Bousquet 2003，p. 21 – 51. Kohler 1994。

427 参见 Bousquet 2003，p. 40；Kohler 1994，p. 262 – 293。

428 Dobzhansky 1969，p. 120。

429 Dobzhansky 1969，p. 145。

430 参见 Ratcliff 1996。

431 Dominique Vitale，个人发言。

432 参见"维基百科"对齐从的介绍，浏览时间为 2013 年 4 月 6 日。

433 Hamilton 1964. 有关汉密尔顿的假说，参见 Coco 2007。

434 众所周知，大部分生物的雄性和雌性拥有相同数目的染色体。

435 参见 Veuille 1997，p. 47。

436 参见 Hamilton 1964。

437 有关威尔逊，参见 Sleigh 2005。

438 根据 Wilson 1978 中的说法，约翰·P. 斯科特（John P. Scott）于 1946 年创造了 sociobiology 一词，查尔斯·F. 霍克特（Charles F. Hocket）于 1948 年使用了这个词。1950 至 1970 年间，会有人不定期使用该词。

439 Wilson 1975，p. 547。

440 Wilson 1975，p. 562。

441 Wilson 1976，p. 217。

442 Chemillier-Gendreau 2001，p. 12。

443 Cambell 2006. 有关"自然的道德权威"研讨会，参见 Daston 和 Vidal 2004。

444 Veuille 1997，p. 123。

445 *The Descent of Man*（人类的血统）的法语译名很长时间里都是 *La Descendance de l'homme*（人类的后代），这一翻译并不妥当。参见帕特里克·托特对这一问题的说明。

446 Darwin 1999, p. 215 - 234. 帕特里克·托特在该版前言中就进化的逆效应问题作了拓展说明。

447 Thorpe 2012。

448 Roughgarden 2012，p. 18。

449 Diderot［1769］1964，p. 384 - 385. 参见 Fontenay 1998，p. 329。

450 参见 Freud［1917］1979，p. 266。

451 有关昆虫可以在天花板行走的问题，参见 Guillaume 2001。

452 对蚂蚁作个体化的观察后会发现，蚂蚁的工作热情存在个体差异。参见 Lestel 1985。

453 托特对法布尔的这种认识偏差作了分析，参见 Tort 2002。

454 参见 Séméria 1985。

455 Lacoste 1997，p. 68。

456 有关若弗鲁瓦·圣伊莱尔的思想，参见 Fischer 1999。

457 Lacoste 1997，p. 68。

458 Geoffroy 1796，p. 20，引自 Geoffroy 1818，p. 408 - 409。

459 凯瑟琳·布斯盖（Catherine Bousquet）引用并注释（Bousquet 2003，p. 45）。

460 Le Guyader 2000，p. 377。

461 Id.，同上。

462 有关乌克斯科尔，他的生平、政治观念，特别是他的民族主义倾向，参见 Rüting 2004。

463 Uexküll［1934］1965，p. 16。

464 Id.，同上。

465 Id.，同上。

466 乌克斯科尔熟悉法布尔的作品。一个典型的例子：他在作品中提到过法布尔就天蚕蛾两性吸引所作的实验（Uexküll，同上，p. 49）。参见前文第三章。

467 Uexküll，同上，p. 17。

468 Id.，同上。

469 Uexküll，同上，p. 14。

470 Uexküll，同上，整页插图。

471 Buytendijk［1958］1965，p. 54。

472 Buytendijk，同上，p. 56（原文为斜体）。

473 Buytendijk，同上，p. 56–57。

474 Canguilhem［1965］2009，p. 184–186。

475 Husserl［1931］1966，p. 92. 译者根据法文译文译出。——译注

476 Husserl，同上，p. 120。

477 Agamben 2006，p. 66。

478 Agamben，同上，p. 81。

479 Heidegger［1983］1992，p. 294–295. 海德格尔的亲纳粹态度引起过激烈争论。不过他对动物界的分析似乎和他的政治盲从没有任何关系。有关海德格尔及动物性，可参见伊丽莎白·德·丰特奈对此所作的专章论述（Fontenay 1998，p. 661–675）。也可参见 Pieron 2010。

480 Heidegger［1983］1992，p. 294–295。

481 Merleau-Ponty 1995，p. 228–234. 有关梅洛庞蒂和乌克斯科尔，参见 Ostachuk 2013。

482 Merleau-Ponty，同上，p. 232。

483 Deleuze 和 Guattari 1980. 也可参见"入门"系列影片（*Abécédaire* 1998）。

484 参见 Fontenay 1998. 也可参见 Bailly 2007，p. 87，Goetz 2007，Buchanan 2008。

485 Burgat 2001，p. 66. 要了解弗洛朗斯·比尔加对动物性所作的思考，以下两个文献特别值得注意：Burgat 2002 和 Burgat 2004。

486 Uexküll，*Theoretische Biologie*，p. 141（引自 Jollivet 和 Romano 2009，p. 292–293）。

487 Darwin，1880 年 5 月 22 日致阿萨·格雷的信（原书作者将英语译为法语）。

488 Chapouthier 2004，p. 108。

489 Derrida 2006，p. 20–21。

490 希查姆-斯特凡纳·阿菲萨（Hicham-Stéphane Afeissa）和让-巴蒂斯特·让热内·维尔默（Jean-Baptiste Jeangène Vilmer）汇编并翻译的文章为我们了解针对动物的伦理学提供了宝贵的参考资料。参见 Afeissa & Jeangène Vilmer 2010. 也可参见 Bergandi 2013。

491 Drouin 2000，p. 58. 包括伊丽莎白·德·丰特奈和弗洛朗斯·比尔加在内的

24 位知识分子签署的请愿书［刊登在 2013 年 10 月 25 日的《世界报》（*Le Monde*）］，避免了此类危险。这份请愿书要求承认动物——至少是"所有有脊椎动物"——"天生是有生命且可感知的存在"，呼吁修改民法，将动物划为"介于人和财产之间的合适范畴"。

492 Derrida 2006，p. 54 - 57。

493 Serres 1990，p. 67。

494 *Id.*，同上，p. 69。

495 Larrère et Larrère 1997。

496 Marchenay 和 Berard 2007，p. 52，注释。

497 参见 http：//trichoptere. hubert-duprat. com/。

498 Montaigne 1962，t. I，livre II，chap. XI，p. 478 （引自 Larrère 和 Larrère 1997）。

参考文献

Anonyme, ([1848] 1855), *Promenades d'un naturaliste par M. V. O.* , 3ᵉ éd. , Tours, Mame. Contient « Promenade entomologique ou Entretien sur les particularités les plus remarquables de l'histoire naturelle des insectes », p. 141 - 232.

Anonyme, « The Evolution of Honeycomb », dans *The Darwin Correspondence Project*, Seccord (dir.), 2011. En ligne: ⟨http: //www. darwinproject. ac. uk/the-evolution-of-honey-comb⟩

Acot, Pascal, (1981a), « L'Histoire de la lutte biologique. Première partie: Des origines à la découverte du pouvoir insecticide du DDT », *Le Courrier de la nature*, n° 75, sept. -oct. , p. 2 - 8.

Acot, Pascal, (1981b), « L'Histoire de la lutte biologique. Deuxième partie: De la découverte des nouveaux insecticides, du DDT à la lutte intégrée », *Le Courrier de la nature*, n° 76, nov. -déc. , p. 8 - 12.

Acot, Pascal (éd.), (1998), « The structuring of Communities », *The European Origins of Scientific Ecology*, Amsterdam, EAC, vol. I, p. 151 - 165.

Afeissa, Hicham-Stéphane; Jeangène Vilmer, Jean-Baptiste (éd.), (2010), Philosophie animale. *Différence , responsabilité et communauté*, Paris, Vrin.

Agamben, Giorgio, (2006), *L'Ouvert. De l'homme et de l'animal* [2002], traduit de l'italien par Joël Gayraud, Paris, Rivages.

Aguilar, Jacques d', Préface, dans Robert, Paul-André, *Les Insectes*, édition mise à jour par Jacques d'Aguilar, Lausanne et Paris, Delachaux et Niestlé, 2001.

Aguilar, Jacques d', (2006), *Histoire de l'entomologie*, Paris, Delachaux et Niestlé.

Aguilar, Jacques d', (2008), « Jan Swammerdam, ou le génie envoûté », *Insectes*, n° 151, 2008, p. 23 - 24.

Aguilar, Jacques d', (2011), « Riley ou une trop éclatante réussite », *Insectes*, n° 160, p. 23 - 24.

Alaya, Inès; Solnon, Christine; Ghedira, Khaled, ([2005] 2007), « Optimisation par colonies de fourmis pour le problème du sac à dos multidimensionnel », *Technique et Science informatiques* (TSI), 26, n° 3 - 4, p. 371 - 390 (première soumission à *Technique et science informatiques*, le 25 février 2005). En ligne: ⟨http: //liris. cnrs. fr/csolnon/publications/TSI2006. pdf⟩

Albert, Jean-Pierre, (1989), « La Ruche d'Aristote: science, philosophie, mythologie », *L'Homme*, 29, n° 110, p. 94 - 116.

Albouy, Vincent, (2006), « Sauterelles ou Éphémères? De la lettre du texte à la réalité quotidienne », *Insectes*, n° 146, p. 41 - 42.

Albouy, Vincent, (2007), « La génération spontanée des Abeilles: fable paysanne ou mythe érudit ? », Insectes, n° 145, p. 22.

Amouroux, Rémy, (2007), « De l'entomologie à la psychanalyse », *Gesnerus*, 64, p. 219 - 230 (à propos de Delves Broughton, 1927).

Appel, Toby, (1987), *The Cuvier-Geoffroy Debate. French Biology in the Decades before Darwin*, Oxford, Oxford University Press.

Aristote, (1997), *Politique*, texte établi et traduit par Jean Aubonnet, préface de Jean-Louis Labarrière, Paris, Gallimard, « Tel ».

Aristote, (1994), *Histoire des animaux*, trad. Janine Bertier, Paris, Gallimard,

« Folio essais ».

Aristote, (2002), *De la génération des animaux* [1961], trad. par Pierre Louis, Paris, Les Belles Lettres.

Arnould, Pierre, 1975, « Les sciences physiologiques et physico-chimiques », numéro spécial du centenaire (1874 – 1974) de la *Revue des Annales médicales de Nancy*. En ligne : ⟨http : //www. professeurs-medecine-nancy. fr/Rameaux _ J. htm⟩

Aron, Serge; Passera, Luc, (2000), *Les Sociétés animales : évolution de la coopération et de l'organisation sociale*, Bruxelles, De Boeck Université.

Atlan, Henri, (2011), *Le Vivant post-génomique ou Qu'est-ce que l'auto-organisation ?* , Paris, Odile Jacob.

Bachelard, Gaston, ([1938] 1969), *Formation de l'esprit scientifique*, Paris, Vrin.

Bacon, Francis, *Novum organum* [1620], Paris, PUF, 2001.

Badinter, Élisabeth, (1999), *Les Passions intellectuelles , I , Désirs de gloire, 1735 –1751*, Paris, Fayard.

Bailly, Auguste, (1931), *Maeterlinck*, Paris, Firmin-Didot.

Bailly, Jean-Christophe, (2007), *Le Versant animal*, Paris, Bayard.

Barataud, Bérangère, (2004), « Des insectes comme nouvelle source de médicaments », *Insectes*, n° 132, p. 29 – 32.

Barbault, Robert; Weber, Jacques, (2010), *La Vie , quelle entreprise ! Pour une révolution écologique de l'économie*, Paris, Seuil, « Science ouverte ».

Barthes, Roland, (1954), *Michelet*, Paris, Seuil.

Bates, Henry Walter, (1862), « Contributions to an Insect Fauna of the Amazon Valley », *Transactions of the Linnean Society of London*, vol. XXIII, p. 495 – 566.

Becker, R. ; Goss, S. ; Deneubourg, J. -L. ; Pasteels, J. -M. , (1989) « Colony Size, Communication and Ant Foraging Strategy », *Psyche*, 96, n° 3 – 4, p. 239 – 256.

Benecke, Mark, (2001), « A Brief History of Forensic Entomology », *Forensic Science International*, 120, p. 2 – 14.

Bensaude-Vincent, Bernadette; Stengers, Isabelle, (1993), *Histoire de la chimie*,

Paris, La Découverte.

Bensaude-Vincent, Bernadette; Drouin, Jean-Marc, (1996), « Nature for the People », dans Jardine, Nick; Secord, Jim; Spary, Emma (dir.), *Cultures of Natural History*, Cambridge, Cambridge University Press, p. 408 – 425.

Benveniste, Émile, (1966), *Problèmes de linguistique générale*, Paris, Gallimard.

Bergandi, Donato (éd.), (2013), *The Structural Links between Ecology Evolution and Ethics*, *The Virtuous Epistemic Circle*, Dordrecht, Springer.

Bergson, Henri, ([1907] 1962), *L'Évolution créatrice*, Paris, PUF.

Bergson, Henri, ([1919] 1964), *L'Énergie spirituelle*, Paris, PUF.

Bergson, Henri, ([1932] 1962), *Les Deux Sources de la morale et de la religion*, Paris, PUF.

Bernardin de Saint-Pierre, Jacques-Henri, ([1784] 1840), *Les Études de la nature. Étude première*, dans Œuvres, Paris, Ledentu.

Berthelot, Marcellin, (1886) « Les cités animales et leur évolution », dans *Science et Philosophie*, Paris, Calmann-Lévy, p. 172 – 184.

Berthelot, Marcellin, dans Michelet, Jules, *L'Insecte*, Paris, Calmann-Lévy, 1903. Le texte de Berthelot, désigné comme « Étude » sur la page de titre, est intitulé « Lettre à monsieur Ludovic Halévy ». Il occupe les pages 1 à 39, avant l'introduction de Michelet, paginée III à XXXIX.

Berthelot, Marcellin, (1897), « Les sociétés animales. Les invasions des Fourmis; le potentiel moral », dansScience et Morale, Paris, Calmann-Lévy, p. 313 – 331.

Berthelot, Marcellin, (1905), « Les Insectes pirates. Les cités des Guêpes », dans Science et Libre pensée, Paris, Calmann-Lévy, p. 366 – 401.

Bessière, Gustave, (1963), *Le Calcul intégral facile et attrayant*, 2ᵉ éd., Paris, Dunod.

Beurois, Christophe, (2001), « La protection de l'entomofaune, un outil du développement durable ? », *Insectes*, n° 121, p. 3 – 5.

Bible (La), (1973), traduction, introduction et notes par Émile Osty et Joseph Trinquet, Paris, Seuil.

Bitsch, Colette, (2013), « Le Maître du codex Cocharelli; Enlumineur et pionnier dans l'observation des insectes » dans Laurence Talairach-Vielmas et Marie Bouchet (éd.), *History and Representations of Entomology in Literature and the Arts*, Bruxelles, Peter Lang (sous presse).

Bitsch, Colette, « Des sciences naturelles avant la lettre: le surprenant bestiaire des Cocharelli », Thema, Muséum de Toulouse. En ligne: ⟨http://www.museum.toulouse.fr/-/des-sciences-naturelles-avant-la-lettre-le-surprenant-bestiaire-des-cocharelli-⟩

Bizé, Véronique, (2001), « Les "insectes" dans la tradition orale », *Insectes*, n° 120, p. 9 - 12.

Blanchard, Émile, ([1868] 1877), *Métamorphoses, mœurs et instincts des Insectes (Insectes , Myriapodes , Arachnides , Crustacés)* , Paris, Germer Baillière.

Bonabeau, Éric; Theraulaz, Guy, (2000), « L'intelligence en essaim », *Pour la science*, n° 271, p. 66 - 73.

Borges, Jorge Luis, (1989), *Un Mapa del Imperio , que tenía el Tamaño del Imperio*, dans *Obras completas*, t. II, Buenos Aires, Emecé.

Borges, Jorge Luis, (1999), *Œuvres complètes*, t. II, éd. par Jean-Pierre Bernés, Paris, Gallimard, « Bibliothèque de la Pléiade ».

Bouligand, Yves; Lepescheux, Liên, (1998), « La théorie des transformations », *La Recherche*, n° 305, p. 31 - 33.

Bousquet, Catherine, (2003), *Bêtes de science*, Paris, Seuil, « Science ouverte ».

Bousquet, Catherine, (2013), *Maupertuis : corsaire de la pensée*, Paris, Seuil, « Science ouverte ».

Bouvier, Louis Eugène, (1926), *Le Communisme chez les Insectes*, Paris, Ernest Flammarion.

Brémond, Jean; Lessertisseur, Jacques, (1973), « Lamarck et l'entomologie », Revue *d'histoire des sciences*, t. XXVI, n° 3, p. 231 - 250.

Brenner, Anastasios, (2003), *Les Origines françaises de la philosophie des sciences*, Paris, PUF.

Bretislav, Friedrich [2005 - 2006], « Fritz Haber (1868 - 1934) ». En ligne: ⟨http://www.fhi-berlin.mpg.de/history/Friedrich_HaberArticle.pdf⟩

Brooks III, John I. , (1998) « The Eclectic Legacy », *Academic Philosophy and the Human Sciences in Nineteenth-Century France*, Newark, University of Delaware Press.

Buchanan, Brett, (2008), *Onto-ethologies , the Animal Environments of Uexküll*, Heidegger, Merleau-Ponty and Deleuze, Albany, State University of New York Press.

Buffon, Georges-Louis, (1749), *Histoire naturelle*, t. I, Paris, Imprimerie royale. En ligne: ⟨http: //wwwbuffon. cnrs. fr⟩

Buffon, Georges-Louis, (1753), *Histoire naturelle*, t. IV, Paris, Imprimerie royale. En ligne: ⟨http: //www. buffon. cnrs. fr⟩

Buffon, Georges-Louis, (2007), *Œuvres*, *textes choisis et présentés* par Stéphane Schmitt (avec la collaboration de Cédric Crémière), Paris, Gallimard, « Bibliothèque de la Pléiade ».

Burgat, Florence, (2001), « La demande concernant le bien-être animal », *Le Courrier de l'environnement de l'INRA*, n° 44, p. 65 – 68.

Burgat, Florence, (2002), « La "dignité de l'animal", une intrusion dans la métaphysique du propre de l'homme », *L'Homme*, 161, janvier-mars, p. 197 – 203.

Burgat, Florence, (2004), « Animalité », *Encyclopædia Universalis*.

Burkhardt, Richard W. , (1973), « Latreille, Pierre-André », dans Charles C. Gillispie (éd.), *Dictionary of Scientific Biography*, New York, Scribner, vol. VIII, p. 49 – 50.

Buscaglia, Marino, (1987), « La zoologie », dans Trembley, Jacques (éd.), *Les Savants genevois dans l'Europe intellectuelle du XVIIᵉ au milieu du XIXᵉ siècle*, Genève, Éditions du *Journal de Genève*, p. 267 – 328.

Butler, Charles, (1609), *The Feminine Monarchie , or a Treatise Concerning Bees and the Due Ordering of Bees*, Oxford.

Buytendijk, Frederik Jacobus Johannes, ([1958] 1965), *L'Homme et l'Animal*, trad. en français par Rémi Laureillard, Paris, Gallimard, « Idées » [édition originale *Mensch und Tier*, Hambourg, Rowohlt].

Buzzati, Dino, (1998), *Les Fourmis*, dans Charles Ficat (éd.), Histoires de Fourmis, Paris, Les Belles Lettres (Sortilèges), p. 7 - 8.

Caillois, Roger, (1934), « La Mante religieuse », *Minotaure*, n° 5, p. 23 - 26.

Cambefort, Yves, (1994), *Le Scarabée et les dieux. Essai sur la signification symbolique et mythique des Coléoptères*, Paris, Boubée.

Cambefort, Yves, (1999), *L'Œuvre de Jean-Henri Fabre*, Paris, Delagrave.

Cambefort, Yves (éd.), (2002), *Jean-Henri Fabre. Lettres inédites à Charles Delagrave*, Paris, Delagrave.

Cambefort, Yves, (2004), « Artistes, médecins et curieux aux origines de l'entomologie moderne (1450 - 1650) », *Bulletin d'histoire et d'épistémologie des sciences de la vie*, vol. XI, n° 1, p. 3 - 29.

Cambefort, Yves, (2006), *Des Coléoptères , des collections et des hommes*, Paris, Muséum national d'histoire naturelle.

Cambefort, Yves, (2007), « Entomologie et mélancolie. Quelques aspects du symbolisme des insectes dans l'art européen du XIVᵉ au XXIᵉ siècle »/ « Entomology and Melancholy. Some Aspects of Insect Symbolism in European Art from the 14th to the 21st Century », dans Edmond Dounias, Motte Florac Élisabeth et Dunham Margaret (dir.), *Le Symbolisme des animaux. L'animal , clef de voûte de la relation entre l'homme et la nature ? /Animal Symbolism. Animals , Keystone in the Relationship between Man and Nature ?*, Montpellier/Paris, IRD, p. 393 - 423.

Cambefort, Yves, (2010), « Des Scarabées et des hommes: histoire des Coléoptères de l'Égypte ancienne à nos jours », dans Laurence Talairach-Vielmas et Marie Bouchet (éd.), *Spinning Webs of Wonder : Insects and Texts , Actes du colloque Explora*, 4 - 5 mai 2010, publications du Muséum d'histoire naturelle de Toulouse, p. 169 - 208.

Camerarius, (1694), « Epistola ad D. Mich. Bern. Valentini de sexu plantarum », Tübingen; republié dans Gmelin, Johann Georg, *Sermo academicus de novorum vegetabilium...* , Tübingen, 1749, p. 83 - 148, et dans Mikan, Johan Christian, *Opuscula botanici argumenti*, Prague, 1797, p. 43 - 117.

Campbell, Mary B. , (2006), « Busy Bees. Utopia, Dystopia and the Very Small », *Journal of Medieval and Early Modern Studies*, 36, p. 619 – 642.

Canard, Frédérik (dir.), (2008), *Au fil des Araignées*, Rennes, Apogée.

Canguilhem, Georges, ([1965] 2009), « Le vivant et son milieu », dans La Connaissance de la vie, Paris, Vrin.

Carroll, Lewis, (1865), *Alice's Adventures in Wonderland*, Londres, Macmillan and Co. ; *Les Aventures d'Alice au pays des merveilles*, édition de Jean Gattégno, Gallimard, « Folio Classique », 2005.

Carroy, Jacqueline; Richard, Nathalie (dir.), (1998), *La Découverte et ses récits en sciences humaines*, Paris, L'Harmattan.

Carson, Rachel, (1962), *Silent Spring*, Boston, Houghton Mifflin; *Printemps silencieux*, Éditions Wildproject, « Domaine sauvage », 2009.

Carton, Yves; Sørensen, Conner; Smith, Janet; Smith, Edward, (2007), « Une coopération exemplaire entre entomologistes français et américains pendant la crise du Phylloxéra en France (1868 – 1895) », *Annales de la Société entomologique de France* (n. s.), 43, 1, p. 103 – 125.

Carton, Yves, (2011), *Entomologie , Darwin et Darwinisme*, Paris, Hermann.

Caullery, Maurice (éd.), (1942), « Développement historique de nos connaissances sur la biologie des Abeilles », dans Biologie des Abeilles, PUF, Paris, p. 1 – 26.

Chansigaud, Valérie, (2011), « De l'histoire naturelle à l'environnementalisme: les enjeux de l'amateur », *Alliage*, « Amateurs ? », n° 69, p. 62 – 70.

Chappey, Jean-Luc, (2009), *Des naturalistes en Révolution. Les procès-verbaux de la Société d'histoire naturelle de Paris (1790 – 1798)* , préface de Pietro Corsi, Paris, Éditions du Comité des travaux historiques et scientifiques (CTHS).

Chapouthier, Georges (dir.), (2004), *L'Animal humain. Traits et spécificités*, Paris, L'Harmattan.

Chauvin, Rémy, (1974), « Les sociétés les plus complexes chez les Insectes », *Communications*, 22, p. 63 – 71.

Chemillier-Gendreau, Monique, (2001), « Sociobiologie, liberté scientifique, liberté politique. Une critique de Edward Wilson », *Mouvement*, n° 17, p. 88 – 98.

Cherix, Daniel, (1989), « De Voltaire aux Fourmis en passant par les Abeilles ou petite chronique de la famille Huber de Genève », *Actes des colloques Insectes sociaux*, p. 1 - 7.

Chinery, Michael, ([1973] 1976), *Les Insectes d'Europe en couleurs*, Elsevier Séquoia, Paris, Bruxelles.

Clark, John Finley Mcdiarmid, (1997), « "A Little People but Exceedingly Wise?" Taming the Ant and the Savage in Nineteenth-Century England », *La Lettre de la Maison française*, Oxford, VII, p. 65 - 83.

Coco, Emanuele, (2007), *Etologia*, Firenze et Milano, Giunti.

Cocteau, Jean, (1963), « Lettre de Marcel Proust à Jean Cocteau », *Bulletin de la Société des amis de Marcel Proust et des amis de Combray*, n° 13, p. 3 - 5.

Cohen, Yves; Drouin, Jean-Marc (dir.), (1989), « Les Amateurs de sciences et de techniques », *Cahiers d'histoire et de philosophie des sciences*, n° 27.

Collectif, Alliage, (2011), « Amateurs ? », n° 69.

Coluzzi, Mario; Gachelin, Gabriel; Hardy, Anne; Opinel, Annick (éd.), (2008), « Insects and Illnesses: Contributions to the History of Medical Entomology », *Parassitologia*, vol. L, n° 3 - 4, p. 157 - 330.

Compagnon, Antoine, (2001), *Théorie de la littérature : la notion de genre littéraire*, Paris IV Sorbonne. En ligne: ⟨http: //www. fabula. org/compagnon/ genre. php⟩

Cook, Laurence, (2003) « The Rise and Fall of the *Carbonaria* Form of the Peppered Moth », *Quaterly Review of Biology*, 76, n° 4, p. 399 - 417.

Cornetz, Victor, (1922), « Remy de Gourmont, J. -H. Fabre et les Fourmis », *Mercure de France*, CLVIII, p. 27 - 39.

Corsi, Pietro, (2001), *Lamarck. Genèse et enjeux du transformisme*, 1770 - 1830, Paris, CNRS éditions.

Cournot, Antoine-Augustin, ([1875] 1987), *Matérialisme. Vitalisme. Rationalisme. Étude sur l'emploi des données de la science en philosophie*, réédition par Claire Salomon-Bayet, Paris, Vrin.

Courtin, Rémi, (2005a), « Insectes et Arthropodes de la Bible, 1ʳᵉ partie », *Insectes*, n°

137, p. 35 – 36. Illustrations Marianne Alexandre.

Courtin, Rémi, (2005b), « Insectes et Arthropodes de la Bible, 2ᵉ partie », *Insectes*, n° 138, p. 34 – 35. Illustrations Marianne Alexandre.

Crossley, Ceri, (1990), « Toussenel et la femme », *Cahiers Charles Fourier*, n° 1, décembre, p. 51 – 65. En ligne: ⟨http://www.charlesfourier.fr/article.php3?id_article=7⟩

Cugno, Alain, (2011), *La Libellule et le Philosophe*, Paris, L'Iconoclaste.

Cuvier, Georges, ([1810] 1989), *Chimie et sciences de la nature*, *Rapports à l'Empereur*, présentation et notes sous la direction d'Yves Laissus, t. II, Paris, Belin.

Dajoz, Roger, (1963), *Les Animaux nuisibles*, Paris, La Farandole.

Darchen, Roger, (1958), « Construction et reconstruction de la cellule des rayons d'*Apis mellifera* », Insectes sociaux, t. V, n° 4, p. 357 – 371.

Darwin, Charles, (1859), *On the Origin of Species* [1859], Londres, John Murray. Reprint Cambridge (Mass.), Harvard University Press, 1964; (2008), *L'Origine des espèces*, trad. d'Edmond Barbier, revue et complétée par Daniel Becquemont, introduction, chronologie, bibliographie par Jean-Marc Drouin, Paris, Flammarion; (2013), *L'Origine des espèces*, trad., présentation et annotations par Thierry Hoquet, Paris, Seuil, « Sources du savoir ».

Darwin, Charles, (1871), The Descent of Man and Selection in Relation to Sex, Londres, John Murray (2 vol.); (1999), *La Filiation de l'homme et la sélection liée au sexe*, trad. coordonnée par Michel Prum, précédée de Patrick Tort, *L'Anthropologie inattendue de Charles Darwin*, Paris, Syllepse.

Darwin, Charles, (1991), *The Correspondence of Charles Darwin*, éd. par Frederick Burkhardt, Sydney Smith et al., vol. VII, 1858 – 1859; Cambridge, Cambridge University Press. En ligne: ⟨http://www.darwinproject.ac.uk/entry-2814⟩

Daston, Lorraine; Vidal, Fernando (éd.) (2004), *The Moral Authority of Nature*, Chicago, Chicago University Press.

Daubenton, Louis Jean-Marie, ([1795] 2006), « Leçons d'histoire naturelle », dans Étienne Guyon (dir.), *L'École normale de l'an III*, *Leçons de Physique*, *de*

Chimie, *d'Histoire naturelle*, Paris, Éditions Rue d'Ulm, p. 395 – 572.

Daudin, Henri, (1926 – 1927) a, *De Linné à Lamarck. Méthodes de la classification et idée de série en botanique et en zoologie (1740 –1770)*, Paris, Félix Alcan, 1926 (2 vol.). Réimpression en fac-similé, Paris, Éditions des Archives contemporaines, 1983 (2 vol.).

Daudin, Henri, (1926 – 1927) b, *Cuvier et Lamarck : les classes zoologiques et l'idée de série animale (1790 –1830)*, Paris, Félix Alcan, 1926 – 1927. Réimpression en fac-similé, Paris, Éditions des Archives contemporaines, 1983.

Dawkins, Richard, *Le Gène égoïste*, trad. de l'anglais par Laura Ovion, Paris, Armand Colin, 1990 [1reéd. The Selfish Gene, New York, Oxford University Press, 1976].

Delage, Yves, (1913), « La dégradation progressive de la richesse physiologique », *Revue scientifique*, 51, 3, 19 juillet 1913, p. 65 – 69.

Delange, Yves, (1989), Préface à Fabre, Jean-Henri, *Souvenirs entomologiques*, Paris, Laffont, « Bouquins », p. 1 – 117.

Delange, Yves *et al.*, (2003), *Jean-Henri Fabre, un autre regard sur l'insecte*, Rodez, Conseil général de l'Aveyron.

Delaporte, François, (2008), « The Discovery of the Vector of Robles Disease », dans Coluzi, Mario; Gachelin, Gabriel; Hardy, Anne; Opinel, Annick (éd.), *Insects and Illnesses : Contributions to the History of Medical Entomology*, *Parassitologia*, 50, n° 3 – 4, p. 227 – 231.

Delaporte, Yves, (1987), « *Sublaevigatusou subloevigatus?* Les usages sociaux de la nomenclature chez les entomologistes », Jacques Hainard; Roland Kaehr (dir.), *Des animaux et des hommes*, Neuchâtel, Musée d'ethnographie, p. 187 – 212.

Delaporte, Yves, (1989), « Les entomologistes amateurs: un statut ambigu », dans Yves Cohen; Jean-Marc Drouin (dir.), *Les Amateurs de sciences et de techniques*, *Cahiers d'histoire et de philosophie des sciences*, Paris, n° 27, p. 175 – 190.

Deleuze, Gilles, ([1964] 1970), *Proust et les signes*, Paris, PUF.

Deleuze, Gilles, *Abécédaire*, (1998), avec Claire Parnet, réalisation Pierre-André Boutang. Vidéo éditions Montparnasse.

Deleuze, Gilles; Guattari, Félix, (1980), *Mille plateaux*, Paris, Éditions de Minuit.

Delille, Jacques, (1808), *Les Trois Règnes de la Nature* (2 tomes), Paris, H. Nicolle.

Delves Broughton, L. R. , (1927), « Vues analytiques sur la vie des Abeilles et des Termites », trad. en français par Marie Bonaparte, *Revue française de psychanalyse*, p. 562 – 567.

Delves Broughton, L. R. , (1928), « Vom Leben der Bienen und Termiten Psychoanalytsche Bermekungen », *Imago*, p. 142 – 146.

Deneubourg, Jean-Louis *et al.* , (1991), « The Dynamic of Collective Sorting. Robot-like Ants and Ant-like Robots », dans J. A. Meyer and S. Wilson (éd.), *From Animals to Animats*, Cambridge, MIT Press/Bradford Books, p. 356 – 365.

Deneubourg, Jean-Louis; Pasteels, Jacques; Verhaeghe, Jean-Claude, « Quand l'erreur alimente l'imagination d'une société : le cas des fourmi », *Nouvelles de la science et des technologies*, vol. II, 1984, p. 47 – 52.

Déom, Pierre, ([1975] 2010), *La Hulotte*, Spécial Mouches à miel, n° 28 – 29, 60 p.

Derrida, Jacques, (2006), *L'Animal que donc je suis*, éd. établie par Marie-Louise Mallet, Paris, Galilée.

Descartes, René, ([1641] 1953), *Méditations métaphysiques*, dans *Œuvres et lettres*, Paris, Gallimard, « Bibliothèque de la Pléiade ».

Desutter-Grandcolas, Laure; Robillard, Tony, (2004), « Acoustic Evolution in Crickets : Need for Phylogenetic Study and a Reappraisal of signal Effectiveness », *An. Acad. Bras. Ciênc.* , 76, 2, Rio de Janeiro, juin 2004. En ligne : ⟨http : //www. scielo. br/scielo. php? pid=S0001 – 37652004000200019&script= sci _ arttext⟩

Deutsch, Jean, (2012), *Le Gène , un concept en évolution*, préface de Jean Gayon, Paris, Seuil, « Science ouverte ».

Dew, Nicholas, (2013) « The Hive and the Pendulum: Universal Metrology and Baroque Science », dans Gal, Ofer; Chen-Morris, Raz (éd.), *Science in the Age of Baroque*, Dordrecht, Springer, p. 239 – 255.

Diderot, Denis, [(1769) 1964], *Le Rêve de d'Alembert*, Paris, Garnier.

Didier, Bruno, (2005), « Métier: entomologiste. Claire Villemant », *Insectes*, n° 138, p. 23 – 27.

Dobbs, Arthur, (1750), « A Letter [···] Concerning Bees and their Method of Gathering Wax and Honey », *Philosophical Transactions of the Royal Society*, vol. XLVI, p. 536 – 549.

Dobzhansky, Théodosius, (1969), *L'Hérédité et la nature humaine*, trad. Simone Pasteur, Paris, Flammarion.

Dorat-Cubières, Michel, (1793), *Les Abeilles ou l'Heureux Gouvernement*, Paris, Gérod et Tessier.

Douzou, Pierre, (1985), *Les Bricoleurs du septième jour*, Paris, Fayard.

Drouin, Jean-Marc, (1987), « Du terrain au laboratoire. Réaumur et l'histoire des Fourmis », ASTER, *Recherches en didactique des sciences expérimentales*, n° 5, p. 35 – 47.

Drouin, Jean-Marc, (1989), « Mendel, côté jardin », dans M. Serres (dir.), *Éléments d'histoire des sciences*, Paris, Bordas, p. 406 – 421.

Drouin, Jean-Marc, ([1991] 1993), *L'Écologie et son histoire*, Paris, Flammarion, « Champs ».

Drouin, Jean-Marc, (1992), « L'image des sociétés d'insectes en France à l'époque de la Révolution », *Revue de synthèse*, vol. IV, p. 333 – 345.

Drouin, Jean-Marc, (1995), « Les curiosités d'un physicien », dans J. Dhombres (dir.), *Aventures scientifiques en Poitou-Charentes du XVIᵉ au XXᵉ siècle*, Poitiers, Éditions de « L'actualité Poitou-Charentes », p. 196 – 209.

Drouin, Jean-Marc, (2000), « Le théâtre de la nature », dans Catherine Larrère (dir.), *Nature vive*, Paris, Nathan et MNHN, p. 48 – 61.

Drouin, Jean-Marc, (2001), « Rousseau, Bernardin de Saint-Pierre et l'histoire naturelle », *Dix-huitième siècle*, n° 33, p. 507 – 516.

Drouin, Jean-Marc, (2005), « Ants and Bees Between the French and the Darwinian Revolution », *Ludus Vitalis*, vol. XII, n° 24, p. 3 – 14.

Drouin, Jean-Marc, (2007), « Quelle dimension pour le vivant ? », dans Thierry Martin (dir.), *Le Tout et les parties dans les systèmes naturels*, Paris, Vuibert, p. 107 – 114.

Drouin, Jean-Marc, (2008), *L'Herbier des philosophes*, Paris, Seuil, « Science ouverte ».

Drouin, Jean-Marc, (2011), « Les amateurs d'histoire naturelle : promenades, collectes, et controverses », *Alliage*, « Amateurs? », n° 69, p. 35 – 47.

Drouin, Jean-Marc, (2013), « Three Philosophical Approaches to Entomology », dans Hanne Andersen; Dennis Dieks; Wenceslao J. Gonzalez; Thomas Uebel; Gregory Wheeler (éd.), *New Challenges to Philosophy of Science*, *The Philosophy of Science in a European Perspective 4*, Dordrecht, Heidelberg, New York, Londres, Springer, p. 377 – 386.

Drouin, Jean-Marc; Lenay, Charles, (1990), *Théories de l'évolution. Une anthologie*, Paris, Presses Pocket.

Duby, Georges (dir.), (1971), *Histoire de la France*, Paris, Larousse (3 vol.).

Duchesne Henri-Gabriel; Macquer, Pierre Joseph (1797), *Manuel du naturaliste*, 2ᵉ éd., t. I, Paris, Rémont.

Dudley, Robert, (1998), « Atmospheric Oxygen, Giant Paleozoic Insects and the Evolution of Aerial Locomotor Performance », *The Journal of Experimental Biology*, n° 261, p. 1043 – 1050.

Dupont, Jean-Claude, (2002), « Les molécules phéromonales. Éléments d'épistémologie historique », *Philosophia Scientiae*, 6, p. 100 – 122.

Dupuis, Claude, (1974), « Pierre-André Latreille (1762 – 1833): the Foremost Entomologist of his Time », *Annual Review of Entomology*, vol. XIX, p. 1 – 13.

Dupuis, Claude, (1992), « Permanence et actualité de la Systématique. Regards épistémologiques sur la taxinomie cladiste », *Cahiers des Naturalistes* (n. s.), t. XLVIII, fasc. 2, p. 29 – 53.

Duris, Pascal, (1991), « Quatre lettres inédites de Jean-Henri Fabre à Léon Dufour », *Revue d'histoire des sciences*, vol. XLIV, n° 2, p. 203 – 218.

Duris, Pascal; Diaz, Elvire, (1987), *Petite histoire naturelle de la première moitié du XIXᵉ siècle : Léon Dufour (1780 –1865)* , Bordeaux, Presses universitaires de Bordeaux.

Durkheim, Émile ([1922] 1968), *Éducation et sociologie*, Paris, PUF, « SUP ».

Dzierzon, Jan, « L'accouplement récemment observé d'une ouvrière avec un faux bourdon peut-il ébranler ma théorie ? », éd. par J. B. Leriche, Bordeaux, imprimerie Durand, 1884, p. 1 – 8.

Egerton, Frank N. , (2005), « A History of the Ecological Sciences, Part 17: Invertebrates Zoology and Parasitology during the 1600s », *Bulletin of the ESA*, 86, n° 3, p. 133 – 144. En ligne: ⟨http: //www. esajournals. org/loi/ebul⟩

Egerton, Frank N. , (2006), « A History of the Ecological Sciences, Part 21: Reaumur and the History of Insects », *Bulletin of the ESA*, 87, n° 3, p. 212 – 224.

Egerton, Frank N. , (2008), « A History of the Ecological Sciences, Part 30: Invertebrate Zoology and Parasitology during the 1700s », *Bulletin of the ESA*, 89, n° 4, p. 407 – 433.

Egerton, Frank N. , (2012a), « A History of the Ecological Sciences, Part 41: Victorian Naturalists in Amazonia-Wallace, Bates, Spruce », *Bulletin of the ESA*, 93, n° 1, p. 35 – 59.

Egerton, Frank N. , (2012b), *Roots of Ecology : Antiquity to Haeckel*, Berkeley, University of California Press.

Egerton, Frank N. , (2013), « A History of the Ecological Sciences, Part 45: Ecological Aspects of Entomology during the 1800s », *Bulletin of the ESA*, 94, n° 1, p. 36 – 88.

Elliott, Brent, (2011), « Philip Miller as a Natural Philosopher », *Occasional Papers from the RHS Library*, vol. V, p. 3 – 48 (en ligne) [RHS = Royal Society of Horticulture].

Espinas, Alfred, ([1878] 1977), *Des sociétés animales*, 2ᵉ éd. , Paris, Germer, Baillière et Cie. Reprint, New York, Arno Press.

Fabre, Jean-Henri, (1855), « Observations sur les mœurs des Cerceris et sur les causes de la longue conservation des Coléoptères dont ils approvisionnent leurs larves », *Annales des sciences naturelles*, 4ᵉ série, Zoologie, t. IV, 3, p. 129 – 150.

Fabre, Jean-Henri, ([1873] 1922], *Les Auxiliaires , récits sur les animaux utiles à l'agriculture*, Paris, Delagrave.

Fabre, Jean-Henri, (1925), *Souvenirs entomologiques*, Paris, Delagrave (10 vol.).

Fabre, Jean-Henri, ([1925] 1989), *Souvenirs entomologiques*, édition établie par Yves Delange, Paris, Robert Laffont, « Bouquins » (2 vol.).

Farley, Michael, « L'institutionnalisation de l'entomologie française », *Bulletin de la Société entomologique de France*, n° 88, 1983, p. 134 – 143.

Fauquet, Éric, (1990), *Michelet ou la Gloire du professeur d'histoire*, Paris, Le Cerf.

Favarel, Geo, (1945), *Démocratie et dictature chez les Insectes*, Paris, Flammarion.

Favier, Jean, (1991), *Les Grandes Découvertes d'Alexandre à Magellan*, Paris, Fayard.

Feuerhahn, Wolf, (2011), « Les "sociétés animales": un défi à l'ordre savant », *Romantisme*, n° 154, p. 35 – 51.

Fischer, Jean-Louis, (1979), « Yves Delage (1854 – 1920): l'épigenèse néo-lamarckienne contre la prédétermination weismannienne », *Revue de synthèse*, n° 95 – 96, p. 443 – 461.

Fischer, Jean-Louis; Henrotte, Jean-Georges, (1998), « Mimétisme chez les Papillons », *Pour la science*, n° 251, p. 56 – 62.

Fischer, Jean-Louis, (1999), « Les manuscrits égyptiens d'Étienne Geoffroy Saint-Hilaire », dans *L'Expédition d'Égypte , une entreprise des Lumières*, éd. P. Bret, Institut de France, Académie des sciences, Tec et Doc Lavoisier, p. 243 – 259.

Fontenay, Élisabeth de, (1998), *Le Silence des bêtes. La philosophie à l'épreuve de l'animalité*, Paris, Fayard.

Fontenelle, Bernard Le Bovier de, ([1686] 1990), *Entretiens sur la pluralité des mondes*, Paris, L'Aube.

Fontenelle, Bernard Le Bovier de, ([1709] 1825), « Éloge de François Poupart », dans *Œuvres*, t. I, *Éloges*, Paris, Salmon et Peytieux, p. 209 - 212.

Fontenelle, Bernard Le Bovier de, (1741), *Histoire de l'Académie Royale des sciences pour l'année 1739*, Paris, Imprimerie royale, p. 30 - 35.

Forel, Auguste, (1874), *Les Fourmis de la Suisse*, Bâle, Genève, Lyon, H. Georg.

Freud, Sigmund, ([1917] 1979), *Introduction à la psychanalyse*, trad. Samuel Jankélévitch, Paris, Payot, « Petite Bibliothèque ».

Frisch, Karl von, ([1953] 1969), *Vie et mœurs des Abeilles* [*Aus dem Leben der Bienen*], trad. de l'allemand par André Dalcq, préface de l'éd. française par Pierre-Paul Grassé, Paris, Éditions J'ai lu.

Frisch, Karl von, ([1955] 1959), *Dix petits hôtes de nos maisons* [*Zehn kleine Hausgenossen*], trad. de l'allemand par André Dalcq, Paris, Albin Michel.

Frisch, Karl von, ([1957] 1987), *Le Professeur des Abeilles. Mémoires d'un biologiste*, [*Erinnerungen eines Biologen*], trad. de l'allemand par Michel Martin et Jean-Paul Guiot, préface de Roger Darchen, Paris, Belin.

Gachelin, Gabriel, (2011), « Être médecin et amateur sous les Tropiques », Alliage, n° 69, p. 48 - 61.

Gachelin, Gabriel, « Laveran Alphonse (1845 - 1922) » dans *Encyclopædia Universalis*. En ligne s. d.

Gachelin, Gabriel, « Paludisme: découverte du parasite » dans *Encyclopædia Universalis*. En ligne. s. d.

Galilée, ([1638] 1970), *Discours et démonstrations mathématiques concernant deux sciences nouvelles*, trad. et notes par Maurice Clavelin, Paris, Armand Colin.

Galperin, Charles, (2006), « À l'école de la Drosophile. L'emboîtement des modèles » dans Gachelin, Gabriel, *Les Organismes modèles dans la recherche médicale*, Paris, PUF, p. 209 - 228.

Gaudry, Emmanuel, (2010), « L'entomologie légale: une machine à remonter le temps », *Les Amis du Muséum national d'histoire naturelle*, n° 243, p. 36 - 39.

Gayon, Jean, (1992), *Darwin et l'après-Darwin , une histoire du concept de sélection naturelle*, Paris, Kimé.

Gayon, Jean, (2006), « Les organismes modèles en biologie et en médecine » dans Gachelin, Gabriel, *Les Organismes modèles dans la recherche médicale*, Paris, PUF, p. 9 - 43.

Geoffroy Saint-Hilaire, Étienne, (1796), « Mémoire sur les rapports naturels des Makis Lémur L. et description d'une espèce nouvelle de Mammifères », *Magasin encyclopédique*, t. I, p. 20 - 50.

Geoffroy Saint-Hilaire, Étienne, (1818), *Philosophie anatomique*, Pichon et Didier, Paris.

Ghosh, Amitav, ([1996] 2008), *The Calcutta Chromosome. A Novel of Fevers, Delirium and Discovery*, New Delhi, Ravi Dayal, et Londres, Penguin Books.

Gillispie, Charles C. , (1997) « De l'histoire naturelle à la biologie : relations entre les programmes de recherche de Cuvier, Lamarck et Geoffroy Saint-Hilaire », dans Claude Blanckaert et al. (dir.), *Le Muséum au premier siècle de son histoire*, Paris, MNHN.

Goetz, Benoît, (2007), « L'Araignée, le Lézard et la Tique : Deleuze et Heidegger lecteurs de Uexküll », *Le Portique*, 20 (en ligne).

Golding, William, (1954). *The Lord of the Flies*, Londres, Faber and Faber; *Sa Majesté des Mouches*, Belin/Gallimard, 2008.

Gomel, Luc, (2003), « Jean-Henri Fabre et les Fourmis », dans Delange, *Yves et al. , Jean-Henri Fabre , un autre regard sur l'Insecte*, Rodez, Conseil général de l'Aveyron, p. 251 - 263.

Gorceix, Paul, (2005), *Maurice Maeterlinck , l'Arpenteur de l'invisible*, Bruxelles, Le Cri.

Gordon, Deborah M. , « Wittgenstein and Ant-Watching », *Biology and Philosophy*, vol. VII, 1992, p. 13 - 25.

Gordon, Deborah M. , (1996), « The Organization of Work in Social Insect Colonies », *Nature*, 380, p. 121 - 124.

Gordon, Deborah M. , (2007), « Control without Hierarchy », *Nature*,

446, p. 143.

Gouhier, Henri, (1963), *Rousseau et Voltaire. Portraits dans deux miroirs*, Paris.

Gouillard, Jean, (2004), *Histoire des entomologistes français (1750 -1950)*, Paris, Société nouvelle des éditions Boubée, Paris.

Gould, James L. ; Gould, Carol Grant, ([1988] 1993), *Les Abeilles*, trad. par Pierre Bertrand, Paris, Belin, *Pour la science*.

Gould, Stephen Jay, « La classification et l'anatomie des Arthropodes » dans *La vie est belle. Les surprises de l'évolution* [éd. or. , *Wonderful Life*, 1989], trad. par Marcel Blanc, Paris, Seuil, 1991, p. 110 - 114.

Gould, Stephen Jay, ([2002] 2004), *Cette vision de la vie* [éd. or. , *I Have Landed*], trad. par Christian Jeanmougin, Paris, Seuil, « Science ouverte ».

Gourmont, Remy de, (1903), *La Physique de l'amour*, Paris, Mercure de France.

Gourmont, Remy de, [(1907] 1925 - 1931), « Le sadisme » dans *Promenades philosophiques*, Paris, Mercure de France, vol. II, p. 269 - 275.

Grassé, Pierre-Paul, (1959), « La reconstruction du nid et les coordinations interindividuelles chez *Bellicositermes natalensi* et *Cubitermes* sp. : la théorie de la stigmergie. Essai d'interprétation des termites constructeurs », *Insectes sociaux*, vol. VI, n° 1, p. 41 - 83.

Grassé, Pierre-Paul et al. , (1962), *La Vie et l'œuvre de Réaumur* (1683 - 1757), Paris, PUF.

Grassé, Pierre-Paul, *Zoologie*, 2ᵉ éd. , Paris, Masson, 1985 (2 vol.).

Grimaldi, David, (2001), « Insect Evolutionary History from Handlisch to Hennig and Beyond », *Journal of Paleontology*, 75, n° 6, p. 1152 - 1160.

Guillaume, Marie, (2001), « Dis pourquoi les mouches peuvent-elles marcher au plafond? », *Insectes*, n° 122, p. 37.

Gusdorf, Georges, (1985), *Le Savoir romantique de la Nature*, Paris, Payot.

Guyon, Étienne (éd.), (2006), *L'École normale de l'an III*, Paris, Éditions Rue d'Ulm.

Haldane, John Burdon Sanderson, ([1927] 1985), « On being the right size » dans

On Being the Right Size and Other Essays, Oxford, New York, Oxford University Press.

Haldane, John Burdon Sanderson, (1949), *What is Life ?*, Londres, Lindsay Drummond.

Hamilton, W. D. , (1964), « The Genetical Evolution of Social Behavior », *Journal of Theoretical Biology*, n° 7; part. I, p. 1 – 16; part. II, p. 17 – 52.

Harding, Wendy *et al.*, *Insects and Texts : Spinning Webs of Wonder*, Explora International Conference, 4 – 5 May 2010, Toulouse Natural History Museum/ CAS (UTM).

Haüy, René-Just, (1792), « Sur les rapports de figure qui existent entre l'alvéole des Abeilles et le grenat dodécaèdre », *Journal d'histoire naturelle*, t. II, p. 47 – 53.

Heidegger, Martin, ([1983] 1992), *Les Concepts fondamentaux de la métaphysique : Monde-finitude-solitude*, cours 1923 – 1944, texte établi par Friedrich-Wilhelm von Herrmann, trad. de l'allemand par Daniel Panis, Paris, Gallimard.

Hennig, Willi, ([1965] 1987) « Phylogenetic Systematics », A. Rev. Ent. , vol. X, p. 97 – 116. Reproduit et traduit dans Daniel Gouget et al. (éd.), *Systématique cladistique. Quelques textes fondamentaux. Glossaire*, 2ᵉ éd. , Paris, Société française de systématique, « Biosystema, 2 », p. 1 – 30.

Hölldobler, Bert; Wilson, Edward O. , ([1994] 1996), *Voyage chez les Fourmis. Une exploration scientifique*, trad. de l'américain par D. Olivier [édition originale 1994], Paris, Seuil.

Hoquet, Thierry (dir.), (2005), *Les Fondements de la botanique*, Paris, Vuibert.

Huber, François, ([1792] 1796), *Nouvelles observations sur les Abeilles*, Genève, Barde et Manget (réédition à Paris).

Huber, Pierre, (1810), *Recherches sur les mœurs des fourmis indigènes*, Paris et Genève, Paschoud, xvi – 328 p. (trad. anglaise, *The Natural History of Ants*, 1820).

Huyghe, Édith; Huyghe, François-Bernard, (2006), *La Route de la soie ou les empires du mirage*, Paris, Payot.

Husserl, Edmund, ([1931] 1966)], *Méditations cartésiennes. Introduction à la phénoménologie*, trad. de l'allemand par G. Peiffer et E. Levinas, Paris, Vrin.

Hutchinson, George Evelyn, (1959), « Hommage to Santa Rosalia or Why Are There So Many Kinds of Animals? », *The American Naturalist*, vol. XCIII, n° 870, p. 145 – 159.

Israel, Giorgio; Millán Gasca, Ana (éd.), (2002), *The Biology of Numbers : The Correspondence of Vito Volterra on Mathematical Biology*, Birkhäuser Verlag, Boston, Basel, Berlin.

Jaisson, Pierre, (1993), *La Fourmi et le Sociobiologiste*, Paris, Odile Jacob, 315 p.

Jansen, Sarah, (2001a), « Histoire d'un transfert de technologie. De l'étude des insectes à la mise au point du Zyklon B », *La Recherche*, n° 340, p. 55 – 59 (trad. de « Chemical-warfare techniques for insect control: insect "pests" in Germany Before and After World War I », Endeavour, n° 24 (1), p. 28 – 33).

Jansen, Sarah, (2001b), « Ameisehügel, Irrenhaus and Bordell: Insektenkunde und Degenerationdiskurs bei August Forel (1848 – 1931). Entomologe. Psychiater und Sexualreformer » dans Haas, N. ; Nägele R. ; Rheinberger, H. J. (éd.), *Kontamination*, Eggingen, Édition Isele, p. 141 – 184.

Jaussaud, Philippe; Brygoo, Édouard, *Du jardin au Muséum en 516 biographies*, Paris, Muséum national d'histoire naturelle, Publications scientifiques, 2004.

Jeannel, René, (1946), *Introduction à l'entomologie*, II, Biologie, Paris, Boubée.

Jolivet, Gilbert, (2007), « Peut-on encore lire L'Insectede Jules Michelet ? », *Insectes*, n° 147, p. 9 – 11.

Jolivet, Paul, (1991), « Les fourmis et les plantes: un exemple de coévolution », *Insectes*, n° 83, p. 3 – 6.

Jollivet, Servanne; Romano, Claude (dir.), (2009), *Heidegger en dialogue* 1912 – 1930. *Rencontres, affinités et confrontations*, Paris, Vrin.

Jourdheuil, Pierre; Grison, Pierre; Fraval, Alain, (1991), « La lutte biologique un aperçu historique », *Courrier de la cellule environnement de l'INRA*, n° 15,

p. 37 – 60.

Judson, Olivia, (2006), *Manuel universel d'éducation sexuelle à l'usage de toutes les espèces* [2002], Paris, Seuil.

Jünger, Ernst, ([1967] 1969), *Chasses subtiles*, trad. de l'allemand par Henri Plard, Paris, Christian Bourgois.

Kafka, Franz, *La Métamorphose* [1915], trad. de l'allemand par Alexandre Vialatte, Paris, Gallimard, 1955.

Kaplan, Edward K. , (1977), *Michelet's Poetic Vision. A Romantic Philosophy of Nature , Man , & Woman*, Amherst, University of Massachussets Press.

Karlson, Peter; Lüscher, Martin, (1959), « "Pheromones", a new term for a class of Biologically Active substances », *Nature*, n° 183, p. 55 – 56.

King, Lawrence J. , (1975), « Sprengel », dans Gillispie, Charles C. (éd.), *Dictionary of Scientific Biography*, vol. XII, New York, Scribner, p. 587 – 591.

Kingsland, Sharon E, (1985), *Modeling Nature, Episodes in the History of Population Ecology*, Chicago, The University of Chicago Press.

Kirby, William; Spence, William, (1814), *Introduction to Entomology. Elements of the Natural History of Insects*, 1814 – 1826 (4 vol.).

Koenig, Samuel, (1740), « Lettre de M. Koenig à M. A. B. écrite de Paris à Berne le 29 novembre sur la construction des alvéoles des Abeilles. . . », *Journal helvétique*, p. 353 – 363

Kohler, Robert E. , (1994), *Lords of the Fly*, Drosophila *Genetics and the Experimental Life*, Chicago et Londres, University of Chicago Press.

Kropotkine, Pierre, (1979), *L'Entr'aide un facteur de l'évolution* [éd. or. en anglais 1902], préface de Francis Laveix, Paris, Éditions de l'Entr'aide.

La Vergata, Antonello, (1996), « Espinas, Alfred 1844 – 1922 » dans Tort, Patrick (éd.), *Dictionnaire du darwinisme et de l'évolution*, Paris, PUF, t. I, p. 1402 – 1403.

Lacène, Antoine, (1822), *Mémoire sur les Abeilles*, Lyon, Société royale d'agriculture de Lyon.

Lacoste, Jean, (1997), *Goethe , Science et Philosophie*, Paris, PUF.

Lamarck, Jean-Baptiste, (1801), « Discours d'ouverture du cours de zoologie, donné dans le Muséum national d'histoire naturelle, l'an VIII de la République, le 21 floréal », reproduit dans *Systèmes des animaux sans vertèbres*, Paris, Déterville.

Lamarck, Jean-Baptiste, ([1809] 1994), *Philosophie zoologique*, Paris, Flammarion.

Lamore, Donald H. , (1969), *L'Image chez J. -H. Fabre d'après « La vie des araignées »*, *étude stylistique*, La Pensée universitaire, Aix-en-Provence.

Lamy, Michel, (1997), *Les Insectes et les Hommes*, Paris, Albin Michel.

Larrère, Catherine; Larrère, Raphaël, (1997), « Le contrat domestique », *Le Courrier de l'Environnement de l'INRA*, n° 30, p. 5 – 18.

Latour, Bruno, (1984), *Les Microbes , Guerre et paix*, Paris, Métailié.

Latreille, Pierre-André, (1798), *Essai sur l'histoire des Fourmis de la France*, Brive, Bourdeaux. Reprint : Genève, Champion-Slatkine; Paris, Cité des Sciences, 1989.

Latreille, Pierre-André, *Histoire naturelle des Fourmis et Recueil de Mémoires et d'Observations sur les Abeilles , les Araignées , les Faucheurs et autres Insectes*, Paris, Théophile Barrois père, 1802.

Latreille, Pierre-André, (1810), *Considérations générales sur l'ordre naturel concernant les classes des Crustacés , des Arachnides et des Insectes*, Paris, Schoell.

Lecointre, Guillaume; Le Guyader, Hervé, (2001), *Classification phylogénétique du vivant*, illustrations Dominique Visset, Paris, Belin.

Le Goff, Jacques, (1964), *La Civilisation de l'Occident médiéval*, Paris, Arthaud.

Le Guyader, Hervé, (2000), « Le concept de plan d'organisation : quelques aspects de son histoire », *Revue d'histoire des sciences*, 53, n° 3 - 4, p. 339 - 379.

Lepeletier de Saint-Fargeau, Amédée, (1836), *Histoire naturelle des Insectes. Hyménoptères*, t. I, Paris, Roret.

Leraut, Patrice; Mermet, Gilles, *Regard sur les insectes*, Paris, MNHN,

Imprimerie nationale, 2003.

Lesser, Friedrich Christian, (1742), *Théologie des insectes , ou Démonstration des perfections de Dieu dans tout ce qui concerne les insectes*, trad. de l'allemand avec des remarques par Pierre Lyonet, La Haye, Jean Swart.

Lestel, Dominique, (1985), « Les Fourmis dans le panoptique », *Culture technique*, n° 14, p. 125 - 131.

Lestel, Dominique, ([2001] 2003), *Les Origines animales de la culture*, Paris, Flammarion.

Lévi-Strauss, Claude, (2002), « Guillaume Lecointre & Hervé Le Guyader, *Classification phylogénétique du vivant* [2001] », *L'Homme*, n° 162, avril-juin. En ligne depuis 2007 : 〈http: //lhomme. revues. org/index169. html〉

Lhoste, Jean, (1987) *Les Entomologistes français*, 1750 - 1950, s. l. , INRA-OPIE.

Lhoste, Jean; Casevitz-Weulersse, Janine, (1997) (éd.), *La Fourmi , Lausanne , Favre*, Paris, Muséum national d'histoire naturelle.

Lhoste, Jean; Henry, Bernard, (1990), « Les insectes dans l'art d'Extrême-Orient », *Insectes*, n° 76, p. 16 - 17 et n° 77, p. 16 - 17.

Linné, Carl von, [(1744) 1758], *Systema naturae*. Réimpression de la 4ᵉ éd. , dans *Opera varia in quibus continentur Fundamenta Botanica , Sponsalia plantarum , Systemae Naturae*, Lucae (Leyde), Typographia Justiniana.

Linné, Carl von, ([1751] 1966), *Philosophia Botanica*, Stockholm. Réimpression en fac-similé, J. Cramer, Lehre.

Linné, Carl von, *Systema naturae*, 10ᵉ éd. , Holmiæ (Stockholm), Salvius, 1758.

Linné, Carl von, (1972), *L'Équilibre de la nature*, textes rassemblés par Camille Limoges, trad. par Bernard Jasmin, Paris, Vrin.

Lotka, Alfred, (1925), *Elements of Physical Biology*, Baltimore, Williams & Wilkins Company (accessible en ligne), réimprimé par Dover en 1956 sous le titre *Elements of Mathematical Biology*.

Lourenço, Wilson R. , (2008), « La biologie reproductrice chez les Scorpions », *Les Amis du Muséum national d'histoire naturelle*, n° 236, p. 49 - 52.

Lubbock, John, *Ants, bees and wasps : a record of observations on the habits of the social hymenoptera*, Londres, K. Paul, 1882 (3ᵉ éd.).

Lupoli, Roland, (2011), *L'Insecte médicinal*, Fontenay-sous-Bois, Ancyrosoma.

Lustig, Abigail, (2004), « Ants and the Nature of Nature in August Forel, Erich Wasmann and William Morton Wheeler », dans Daston, L. ; Vidal, F. (éd.), *The Moral Authority of Nature*, Chicago, Chicago University Press, p. 282 - 307.

Maderspacher, Florian, (2007), « All the queen's men », *Current Biology*, 17, 6, p. 191 - 195.

Maeterlinck, Maurice, ([1901] 1963), *La Vie des Abeilles*, Paris, Fasquelle.

Maeterlinck, Maurice, « Le monde des insectes », dans *Les Sentiers dans la montagne*, Paris, Fasquelle, 1919, p. 81 - 116.

Maeterlinck, Maurice, ([1926] 1927), *La Vie des Termites*, Paris, Fasquelle.

Maeterlinck, Maurice, (1930), *La Vie des Fourmis*, Paris, Fasquelle.

Magnin, Antoine, (1911), *Charles Nodier naturaliste. Ses œuvres d'histoire naturelle publiées et inédites*, préface de E. -L. Bouvier, Paris, Libraire scientifique Hermann et fils.

Magnin-Gonze, Joëlle, ([2004] 2009), *Histoire de la Botanique*, Paris, Delachaux et Niestlé (2ᵉ édition revue et augmentée).

Mandal, Sandip; Sarkar, Ram R. ; Somdatta, Sinha, (2011), « Mathematical Models of Malaria: a Review », 10, 202, *Malaria Journal* (en ligne).

Mandeville, Bernard, ([1714] 1990), *La Fable des Abeilles ou les Vices privés font le bien public*, éd. par Paulette et Lucien Carrive, Paris, Vrin.

Marais, Eugène, ([1938], 1950), *Mœurs et coutumes des Termites. La Fourmi blanche de l'Afrique du Sud*, trad. de S. Bourgeois, préface de Winifred de Kok, avec 23 gravures, Paris, Payot, « Bibliothèque scientifique » [1925, texte en afrikaner; 1938, éd. anglaise: The Soul of the White Ants].

Maraldi, Giacomo Filippo, ([1712] 1731), « Observations sur les Abeilles », *Mémoires de l'Académie royale des sciences*, Paris, p. 297 - 331.

Marchal, Hugues, (2007), « Le conflit des modèles dans la vulgarisation entomologique: l'exemple de Michelet, Flammarion et Fabre », *Romantisme*, nᵒ

138, p. 61 - 74.

Marchenay, Philippe; Bérard, Laurence, (2007), *L'Homme*, *l'Abeille et le Miel*, Romagnat, De Borée.

Marx, Karl, ([1867] 1969), *Le Capital*, livre I, trad. Joseph Roy, Paris, Flammarion.

Massis, Henri, (1924), *Jugements II : André Gide*, *Romain Rolland*, *Georges Duhamel*, *Julien Benda*, *les chapelles littéraires*, Paris, Plon.

Merleau-Ponty, Maurice, (1995), *La Nature*, notes de cours 1957 - 1958, Collège de France, texte établi par P. Seglard, Paris, Seuil.

Michelet, Jules, (1998), *Correspondance générale*, t. VIII (1856 - 1858), éd. de Louis Le Guillou, Paris, Honoré Champion.

Michelet, Jules, (1858), *L'Insecte*, Paris, Hachette; nouvelle version éditée par Paule Petitier, Sainte-Marguerite-sur-Mer, Édition des Équateurs, 2011.

Milgram, Maurice; Atlan, Henri, (1983), « Probabilistic Automata as a Model for Epigenesis of Cellular Networks », *Journal of Theoretical Biology*, n° 103, p. 523 - 547.

Miller, Peter, (2007), « The study of swarm intelligence is providing insights that can help humans manage complex systems, from truck routing to military robots », dans « The Genius of Swarms », *National Geographic*, 212, n° 1, p. 126 - 147.

Miller, Philip, (1759), « Generation », *The Gardeners Dictionary*, 7ᵉ éd. , vol. I [non paginé].

Moggridge, Johann Treherne, (1873), *Harvesting Ants and Trap down Spiders*, *Notes and Observations on their Habits and Dwelings*, Londres, L. Reeve &. Co.

Montaigne, Michel de, (1962), *Essais*, Paris, Garnier (2 vol.).

Morange, Michel, (1994), *Histoire de la biologie moléculaire*, Paris, La Découverte.

Morgan, Thomas Hunt, « The Relation of Genetics to Physiology and Medicine », *Nobel Lecture*, *Physiology or Medicine* (1933), 1922 - 1941, Amsterdam, Elsevier, 1965, p. 313 - 328.

Morgan, Thomas Hunt; Sturtevant, Alfred; Muller, Hermann Joseph; Bridges,

Calvin, *The Mechanism of Mendelian Heredity*, New York, Henry Holt, 1915.

Mornet, Daniel, (1911), *Les Sciences de la Nature en France au XVIIIe siècle*, *un chapitre de l'histoire des idées*, Paris, Armand Colin.

Mulsant, Étienne, (1830), *Lettres à Julie sur l'entomologie*, Lyon, Babeuf (2 vol.).

Népote-Desmarres, Fanny, (1999), *La Fontaine. Fables*, Paris, PUF.

Nodier, Charles, ([1832] 1982), *La Fée aux miettes* [1832]; *Smarra* [1821], *Trilby* [1822], édition présentée par Patrick Berthier, Paris, Gallimard, « Folio ».

Nuridsany, Claude; Pérennou, Marie, (1996), *Microcosmos , le peuple de l'herbe*, Paris, La Martinière.

Orr, Linda, (1976), *Jules Michelet , Nature , History and Language*, Ithaca, Cornell University Press.

Ostachuk, Agustín, (2013), « El Umwelt de Uexküll y Merleau-Ponty », *Ludus Vitalis*, vol. XXI, n° 39, p. 45 – 65.

Pain, Janine, (1988), « Les phéromones d'Insectes : 30 ans de recherche », *Insectes*, n° 69, p. 2 – 4.

Pappus d'Alexandrie, ([1932] 1982), *La Collection Mathématique*, introduction et trad. par Paul ver Eecke, Paris, A. Blanchard.

Pascal, Blaise, (1954), Pensées, dans Œuvres complètes, édition établie par Jacques Chevalier, Paris, Gallimard.

Passera, Luc, (1984), *L'Organisation sociale des Fourmis*, Toulouse, Éditions Privat.

Passera, Luc, (2006), *La Véritable histoire des Fourmis*, Paris, Fayard.

Peckham, George W. ; Peckham, Elizabeth G. , *Wasps , Solitary and Social*, Boston and New York, Houghton, Mifflin and Company, 1905.

Pelozuelo, Laurent, (2008), « La Femme des sables: regards d'entomologistes », *Inf'opie-mp*, n° 8. En ligne : ⟨http: //www. insectes. org/opie/pdf/685 _ pagesdynadocs49639ceac4954. pdf⟩

Pelozuelo, Laurent, (2007), « Mushi », *Insectes*, n° 145, p. 9 – 12.

Perrin, Hélène, (2008), « Hymnes au charançon », *Insectes*, n° 148, p. 11 – 13.

Perrin, Hélène, (2009), « Coton, charançon, chansons... », *Mémoires de la SEF*, n° 8, p. 67 – 69.

Perrin, Hélène, (2010), « Des charançons à la rescousse », *Insectes*, n° 159, p. 23 – 27.

Perron, Jean-Marie, (2006), « Connaissez-vous les *Lettres à Julie*? », *Antennae* (Bulletin de la Société d'entomologie du Québec), vol. XIII, n° 1, p. 5 – 7. En ligne: ⟨http: //www. seq. qc. ca/antennae/archives/articles/Article _ 13-1-Lettres _ a _ Julie. pdf⟩

Perru, Olivier, (2003), « La problématique des insectes sociaux : ses origines au XVIIIe siècle et l'œuvre de Pierre-André Latreille », *Bulletin d'histoire et d'épistémologie des sciences de la vie*, vol. X, n° 1, p. 9 – 38.

Petit, Annie, (1988), « La diffusion des sciences comme souci philosophique: Bergson », dans Bensaude-Vincent, B. ; Blondel, C. (éd.), *Vulgariser les sciences (1919 – 1939) Acteurs , projets , enjeux , Cahiers d'histoire et de philosophie des sciences*, n° 24, p. 15 – 32.

Petit, Annie, (1991), « La philosophie bergsonienne, aide ou entrave pour la pensée biologique contemporaine », *Uroboros , Revista international de filosofía de la biología*, vol. I, n° 2, p. 177 – 179.

Petit, Annie, (1999), « Animalité et humanité: proximité et altérité selon H. Bergson », *Revue européenne des sciences sociales*, 37, n° 115, p. 171 – 183.

Petit, Annie, (2007), « Science et synthèse selon Marcellin Berthelot », dans Jean-Claude Pont *et al.* (éd.), *Pour comprendre le XIXe siècle , Histoire et philosophie des sciences à la fin du siècl*e, Firenze, Leo Olschki, p. 3 – 42.

Picq, Pascal, (2003), « Le réel des animaux », dans Cohen-Tannoudji, G. ; Noël, E. (éd.), *Le Réel et ses dimensions*, EDP Sciences, p. 109 – 127.

Pieron, Julien, (2010), « Monadologie et/ou constructivisme : Heidegger, Deleuze, Uexküll », *Bulletin d'analyse phénoménologique*, vol. VI, n° 2: *La Nature vivant*en (Actes n° 2) . En ligne: ⟨http: //popups. ulg. ac. be/bap/document. ph? id = 384⟩

Pilet, P. E, (1972) « Forel Auguste Henri... », dans Gillispie, Charles C (éd.), *Dictionary of Scientific Biography*, New York, Scribner, vol. V, p. 73 – 74.

Pinault-Sørensen, Madeleine, (1991), *Le Peintre et l'Histoire naturelle*, Paris, Flammarion.

Platon, (1950), *Œuvres complètes*, trad. et notes de Léon Robin, Paris, Gallimard, « Bibliothèque de la Pléiade » (2 vol.).

Pline l'Ancien, (1848 – 1850), *Histoire naturelle*, livre XI, trad. par Émile Littré, Paris, Dubochet. Édition électronique en ligne dirigée par Philippe Remacle, en collaboration avec Agnès Vinas (dans : site Méditerranées : ⟨http: //remacle. org/ bloodwolf/erudits/plineancien/⟩).

Pluche, Noël Antoine, (1732), *Le Spectacle de la Nature ou Entretiens sur les particularités de l'Histoire naturelle qui ont paru les plus propres à rendre les jeunes gens curieux et à leur former l'esprit*, Paris, V. Estienne.

Poincaré, Henri, (1908), *Science et méthode*, Paris, Flammarion.

Poliakov, Léon, (1968), *Histoire de l'antisémitisme. De Voltaire à Wagner*, Paris, Calmann-Lévy.

Poupart, François, (1704), « Histoire du Formica-léo », *Mémoires de l'Académie royale des sciences*, Paris, p. 215 – 246.

Prete, Frederick R., (1991), « Can Female Rule the Hive? The Controversy over Honey Bee Gender Roles in British Beekeeping Texts of the Sixteenth-Eighteenth Centuries », *Journal of the History of Biology*, vol. XXIV, n° 1, p. 113 – 144.

Prete, Frederick R., (1990), « The Conundrum of the Honey Bees: One Impediment to the Publication of Darwin's Theory », *Journal of the History of Biology*, vol. XXIII, n° 2, p. 271 – 290.

Proust, Marcel, ([1913] 1954), *Du côté de chez Swann*, dans *À la recherche du temps perdu*, Paris, Gallimard, (Pléiade), t. I, p. 3 – 427.

Proust, Marcel, ([1921] 1954), *Sodome et Gomorrhe*, dans *À la recherche du temps perdu*, Paris, Gallimard, (Pléiade), t. II, p. 601 – 1131.

Punnett, Reginald, (1915), *Mimicry in Butterflies*, Cambridge, Cambridge University Press.

Quatrefages, Armand de, (1854), *Souvenirs d'un naturaliste*, Paris, Masson, t. II.

Radelet de Grave, Patricia, (1998), « La moindre action comme lien entre la philosophie naturelle et la mécanique analytique. Continuité d'un questionnement », *LLULL*, vol. XXI, p. 439 - 484.

Rameaux, Jean-François, (1858), « Des lois suivant lesquelles les dimensions du corps dans certaines classes d'animaux déterminent la capacité et les mouvements fonctionnels des poumons et du cœur », Mémoires couronnés et mémoires des savants étrangers publiés par l'Académie royale de Belgique, t. XXIX, 3.

Rameaux, Jean-François; Sarrus, Frédéric, (1838 - 1839), « Rapport sur un mémoire adressé à l'Académie royale de médecine par MM. Sarrus, professeur de mathématiques à la faculté des sciences de Strasbourg, et Rameaux, docteur en médecine et ès sciences. » (Commissaires : Robiquet et Thillaye), *Bulletin de l'Académie royale de médecine*, t. III, p. 1094 - 1100.

Ratcliff, Marc, (1996), « Naturalisme méthodologique et science des mœurs animales au XVIIIᵉ siècle », *Bulletin d'histoire et d'épistémologie des sciences de la vie*, vol. III, n° 1, p. 17 - 29.

Raulin-Cerceau, Florence, avec la collaboration de Bilodeau, Bénédicte, (2009), *Les Origines de la vie. Histoire des idées*, Paris, Ellipses.

Ray, John, ([1717] 1977), *The Wisdom of God Manifested in the Works of the Creation*, Londres, éd. par R. Harbin, pour William Innys. Reprint New York, Arno Press.

Réaumur, René Antoine Ferchault, (1734 - 1742), *Mémoires pour servir à l'histoire des Insectes*, Paris, Imprimerie royale (6 vol.).

Réaumur, René Antoine Ferchault, (1926), *The Natural History of Ants , From an Unpublished Manuscript in the Archives of the Academy of Sciences of Paris*, trad. et notes par William Morton Wheeler, New York, Londres, Alfred A. Knopf.

Réaumur, René Antoine Ferchault, (1928), *Histoire des Fourmis*, éd. par E. L. Bouvier et C. L. Pérez, Paris, Lechevalier.

Revel, E (1951), *J. -H. Fabre. L'Homère des Insectes*, Paris, Delagrave.

Rigol, Loïc, (2005), « Alphonse Toussenel et l'éclair analogique de la science des races », *Romantisme*, 4, n° 130, p. 39 - 53.

Robert, Paul-André, (2001), *Les Insectes*, éd. mise à jour par J. d'Aguilar, Lausanne, Delachaux et Niestlé [plusieurs éditions de 1936 à 1960].

Robillard, Tony; Desutter, Laure, (2008), « Clarification of the Taxonomy of Extant Crickets of the Subfamily Eneopterinae (Orthoptera: Grylloidea; Gryllidae) », *Zootaxa* 1789, p. 66 - 68. En ligne: 〈http: //www. researchgate. net/publication/ 228507600 _ Clarification _ of _ the _ taxonomy _ of _ extant _ crickets _ of _ the _ subfamily _ Eneopterinae _ (Orthoptera _ Grylloidea _ Gryllidae) 〉

Rollard, Christine; Tardieu, Vincent, (2011), *Arachna. Les voyages d'une femme araignée*, Paris, MNHN/Belin.

Roman, Myriam, (2007) « Histoire naturelle et représentation sociale après 1848 (Toussenel/Michelet) », deuxième journée d'étude consacrée à *L'Animal du XIXe siècle* (Paule Petitier dir.), université Paris VII-Denis Diderot. En ligne: 〈http: //groupugo. div. jussieu. fr〉

Ross, Ronald, (1902), *Mosquito Brigades and how to Organize Them*, New York, Longmans, Green; Londres, G. Philip &· Son.

Roughgarden, Joan, (2012), *Le Gène généreux , Pour un darwinisme coopératif*, trad. par Thierry Hoquet, Paris, Seuil, « Science ouverte ».

Rousseau, Jean-Jacques, ([1762] 1969), *Émile ou De l'éducation*, dans *Œuvres complètes*, vol. IV, Paris, Gallimard, (Pléiade).

Ruelland, Jacques, (2004), *L'Empire des gènes*, Paris, ENS Éditions.

Rüting, Torsten, (2004), « History and Significance of Jacob von Uexküll and his Institute in Hamburg », *Sign Systems Studies*, 32, 1/2, p. 35 - 72.

Sartori, Michel; Cherix, Daniel, (1983), « Histoire de l'étude des Insectes Sociaux en Suisse à travers l'œuvre d'Auguste Forel », *Bulletin de la Société entomologique de France*, 150e anniversaire, vol. LXXXVIII, p. 66 - 74.

Schlanger, Judith, (1971), *Les Métaphores de l'organisme*, Paris, Vrin.

Schmidt-Nielsen, Knut, (1984), *Scaling. Why Animal Size is so Important ?* , Cambridge, Cambridge University Press.

Schmitt, Stéphane, (2004), *Histoire d'une question anatomique : le problème des parties répétées*, Paris, Publications scientifiques du MNHN.

Schuhl, Pierre Maxime, (1947), « Le thème de Gulliver et le postulat de Laplace »,
Journal de psychologie, 40, n° 2, p. 169 - 184.

Secord, Jim (dir.), *Darwin Correspondance Project*, Cambridge (G. B.) (en
ligne).

Séméria, Yves, (1985), « Le philosophe et l'Insecte. Nicolas Malebranche, 1638 -
1715 : ou l'entomologiste de Dieu », *Supplément du Bulletin mensuel de la
Société linnéenne de Lyon*, 54ᵉ année, n° 1, p. i-vi.

Serres, Michel, (1990), *Le Contrat naturel*, Paris, François Bourin.

Serres, Olivier de, ([1600] 2001), *Le Théâtre d'Agriculture et Mesnage des
Champs*, Le Méjan, Actes Sud.

Siganos, André, (1985), *Les Mythologies de l'Insecte. Histoire d'une
fascination*, Paris, Librairie des Méridiens.

Sigrist, René; Barras, Vincent; Ratcliff, Marc, (1999), *Louis Jurine ,
Chirurgien et naturaliste (1751 -1819)* , Genève, Georg.

Sleigh, Charlotte, « Empire of the Ants : H. G. Wells and Tropical Entomology »,
Science as Culture, 10, n° 1, 2001, p. 33 - 71.

Sleigh, Charlotte, ([2003] 2005), *Fourmis*, trad. Dominique Le Bouteiller, Paris,
Delachaux et Niestlé.

Smeathman, Henry, (1786), *Mémoire pour servir à l'histoire de quelques insectes
connus sous les noms de termes* [= Termites] *ou fourmis blanches*, Paris [éd. or.
dans *Philosophical Transactions* , Royal Society, vol. XXI, 1781].

Smith, Adam, ([1776] 2009), *Recherches sur la nature et les causes de la richesse
des nations*, trad. par Germain Garnier, choix de textes et notes par Jacques
Valier, Paris, Le Monde/Flammarion.

Smith, D. L. ; Battle, K. E. ; Hay, S. L. ; Barker, C. M. ; Scott, T. W. et
al. , (2012), « Ross, MacDonald and a Theory for the Dynamics and Control of
Mosquito-Transmitted Pathogens », *PLOS Pathog* , vol. VIII, 4 (en ligne).

Smith, Ray; Mittler, Thomas; Smith, Carroll, (1973), *History of Entomology*,
Palo Alto, Entomological Society of America, Annual Review.

Sprengel, Christian Konrad, (1793), *Das entdeckte Geheimnis der Natur im Bau und in der Befruchtung der Blumen*, Berlin.

Stafleu, Frans A. , (1971), *Linnaeus and the Linnaeans. The Spreading of their Ideas in Systematic Botany*: 1735 -1789, Utrecht, Oostoek.

Swammerdam, Jan, (1758), *Histoire naturelle des Insectes traduite du Biblia naturae avec 36 planches et des notes*, Dijon, Desventes.

Swift, Jonathan, ([1726/1735] 1954), *Gulliver's Travels*, Londres, J. -M. Dent & Sons, New York, E. P. Dutton & Co.

Tassy, Pascal, (1991), *L'Arbre à remonter le temps*, Paris, Christian Bourgois.

Tassy, Pascal, *Le Paléontologue et l'Évolution*, Paris, Le Pommier, 2000.

Théophraste, (2003), *Recherches sur les plantes*, trad. par Suzanne Amigues, Paris, Les Belles Lettres, t. I.

Theraulaz, Guy; Bonabeau, Éric, (1999), « A Brief History of Stimergy », *Artificial Life*, 5, p. 97 - 116.

Theraulaz, Guy; Bonabeau, Éric; Deneubourg, Jean-Louis, « Les Insectes architectes ont-ils leur nid dans la tête? », *La Recherche*, n° 313, 1998, p. 84 - 90.

Thibaud, Jean-Marc, (2010), « Les Collemboles, ces Hexapodes vieux de 400 millions d'années, cousins des Insectes, si communs, mais si méconnus », *Les Amis du Muséum national d'histoire naturelle*, n° 242, p. 20 - 23.

Thompson, D'Arcy W. , (1992), *On Growth and Form* [1917/1961], préface de Stephen Jay Gould, Cambridge, Cambridge University Press (ed. Canto).

Thompson, D'Arcy W. , (2009), *Forme et Croissance* [1994], trad. par Monique Teyssié, préface de Stephen Jay Gould, avant-propos d'Alain Prochiantz, Paris, Seuil, « Science ouverte ».

Thorpe, Vanessa, (2012), « Book review sparks war of words between grand old man of biology and Oxford most high-profile Darwinist », dans « Richard Dawkins in Furious Row with E. O. Wilson », *The Observer*, 24 juin.

Tinbergen, Nikolaas, *La Vie sociale des animaux*, Paris, Payot, 1967.

Torlais, Jean, (1961), *Un esprit encyclopédique en dehors de l'Encyclopédie*:

Réaumur, Paris, Albert Blanchard.

Tort, Patrick, (1996) « Forel Auguste Henri 1848 – 1931 », dans Patrick Tort (éd.), *Dictionnaire du darwinisme et de l'évolution*, Paris, PUF, t. II, p. 1705 – 1710.

Tort, Patrick, (2002), *Fabre. Le Miroir aux insectes*, Paris, Vuibert/ADAPT.

Toussenel, Alphonse, (1859), *L'Esprit des bêtes. Le Monde des oiseaux, ornithologie passionnelle*, Paris, Librairie phalanstérienne.

Trembley, Jacques (dir.) (1987), *Les Savants genevois dans l'Europe intellectuelle du XVIIe au milieu du XIXe siècle*, Éditions du Journal de Genève.

Uexküll, Jacob von, ([1934] 1965), *Mondes animaux et mondes humains* [éd. all. 1934/1956], suivis de *Théorie de la signification* [éd. all. 1940], trad. de l'allemand et présenté par Philippe Muller, Paris, Gonthier.

Utamaro, Kitagawa, ([1788] 2009), *Album d'Insectes choisis , Concours de poèmes burlesques des myriades d'oiseaux* [1789], textes et poèmes trad. du japonais et présentés par Christophe Marquet, avant-propos de Dominique Morelon, préface d'Élisabeth Lemire, Arles, Éditions Philippe Picquier/INHA (coffret contenant deux albums d'images et une brochure de textes).

Vanden Eeckhoudt, Jean-Pierre, (1965), *Visages d'Insectes*, Paris, L'École des loisirs.

Veuille, Michel, (1997), *La Sociobiologie* [1986], 2e éd. , Paris, PUF.

Villemant, Claire, (2005), « Les nids d'abeilles solitaires et sociales », *Insectes*, n° 137, p. 13 – 17.

Virey, Julien-Joseph, (1819) « Société des animaux », dans *Nouveau dictionnaire d'histoire naturelle*, t. XXXI, Paris, Déterville, p. 358 – 359.

Virgile, (1994), *Géorgiques*, trad. par E. Saint-Denis, édition revue par R. Lessueur, Paris, Les Belles Lettres.

Voltaire, ([1752] 1960), *Micromégas , dans Romans et Contes*, Paris, Garnier, p. 96 – 113.

Volterra, Vito; D'Ancona, Umberto, (1935), *Les Associations biologiques au point de vue mathématique*, Paris, Hermann.

Wallace, Alfred Russel, ([1889] 1897), *Darwinism, an Exposition of the Theory of*

Natural Selection with some of its Applications, Londres, Macmillan.

Wells, Herbert George, *The Empire of the Ants and Other Short Stories*, [1905];
L'Empire des fourmis et autres nouvelles, trad. et notes de Joseph Dobrinsky,
Paris, Le Livre de poche, 1990.

Werber, Bernard, (1991), *Les Fourmis*, Paris, Albin Michel.

Wheeler, William Morton, (1926), *Les Sociétés d'insectes. Leur origine. Leur
évolution*, Paris, Doin.

Wilson, Edward O., (1975) *Sociobiology : the New Synthesis*, Cambridge (Mass.),
Harvard University Press.

Wilson, Edward O., (1976), « The Central Problem of Sociobiology », dans May, R.
(éd.), *Theoretical Ecology : Principles and Applications*, Oxford, Blackwell,
p. 205 – 217.

Wilson, Edward O., (1978), « Introduction: What is Sociobiology? », dans Gregory,
Michael; Silvers, Anita; Sutch, Diane (éd.), *Sociobiology and Human
Nature : an Interdisciplinary Critique and Defense*, San Francisco, Jossey
Bass, p. 1 – 12.

Wilson, Edward O., (1984), « Clockwork Lives of the Amazonian Leafcutter
Army », *Smithsonian*, 15, 7, p. 92 – 100.

Winsor, Mary P., (1976), « The Development of Linnaeus Insect Classification »,
Taxon, 25, 1, p. 57 – 67.

Xénophon, ([1949] 2008), *Économique*, trad. par Pierre Chantraine, introduction
par Claude Mossé, Paris, Les Belles Lettres.

Yavetz, Ido, (1988), « Jean-Henri Fabre and Evolution: Indifference or Blind
Hatred? », *Hist. Phil. Life Sci.*, vol. X, p. 3 – 36.

Yavetz, Ido, (1991). « Theory and Reality in the Work of Jean-Henri Fabre »,
Hist. Phil. Life Sci., vol. XIII, p. 33 – 72.

图书在版编目（CIP）数据

昆虫哲学/(法) 让-马克·德鲁安著；郑理译. --上海：上海文艺出版社, 2023
（新视野人文丛书）
ISBN 978-7-5321-8200-8
Ⅰ.①昆… Ⅱ.①让… ②郑… Ⅲ.①昆虫学－普及读物 Ⅳ.①Q96-49
中国版本图书馆CIP数据核字(2022)第225897号

JEAN-MARC DROUIN
Philosophie de l'insecte
© Éditions du Seuil, 2014
著作权合同登记图字：09-2020-040号

发 行 人：毕　胜
责任编辑：曹　晴
封面设计：朱云雁

书　　名：昆虫哲学
作　　者：[法] 让-马克·德鲁安
译　　者：郑　理
出　　版：上海世纪出版集团　　上海文艺出版社
地　　址：上海市闵行区号景路159弄A座2楼 201101
发　　行：上海文艺出版社发行中心
　　　　　上海市闵行区号景路159弄A座2楼206室 201101 www.ewen.co
印　　刷：浙江中恒世纪印务有限公司
开　　本：890×1240 1/32
印　　张：7.5
插　　页：5
字　　数：120,000
印　　次：2023年2月第1版 2023年2月第1次印刷
I S B N：978-7-5321-8200-8/C·090
定　　价：69.00元
告 读 者：如发现本书有质量问题请与印刷厂质量科联系　　T: 0571-88855633